Sitki Koca

Urbane Siedlungsinnovationen

Sitki Koca

Urbane Siedlungsinnovationen

Raumordnung Infrastrukturachsen für die Großräume

Südwestdeutscher Verlag für Hochschulschriften

Impressum/Imprint (nur für Deutschland/only for Germany)
Bibliografische Information der Deutschen Nationalbibliothek: Die Deutsche Nationalbibliothek verzeichnet diese Publikation in der Deutschen Nationalbibliografie; detaillierte bibliografische Daten sind im Internet über http://dnb.d-nb.de abrufbar.
Alle in diesem Buch genannten Marken und Produktnamen unterliegen warenzeichen-, marken- oder patentrechtlichem Schutz bzw. sind Warenzeichen oder eingetragene Warenzeichen der jeweiligen Inhaber. Die Wiedergabe von Marken, Produktnamen, Gebrauchsnamen, Handelsnamen, Warenbezeichnungen u.s.w. in diesem Werk berechtigt auch ohne besondere Kennzeichnung nicht zu der Annahme, dass solche Namen im Sinne der Warenzeichen- und Markenschutzgesetzgebung als frei zu betrachten wären und daher von jedermann benutzt werden dürften.

Coverbild: www.ingimage.com

Verlag: Südwestdeutscher Verlag für Hochschulschriften GmbH & Co. KG
Heinrich-Böcking-Str. 6-8, 66121 Saarbrücken, Deutschland
Telefon +49 681 37 20 271-1, Telefax +49 681 37 20 271-0
Email: info@svh-verlag.de

Zugl.: Universität Augsburg, Dissertation, 2000

Herstellung in Deutschland (siehe letzte Seite)
ISBN: 978-3-8381-3282-2

Imprint (only for USA, GB)
Bibliographic information published by the Deutsche Nationalbibliothek: The Deutsche Nationalbibliothek lists this publication in the Deutsche Nationalbibliografie; detailed bibliographic data are available in the Internet at http://dnb.d-nb.de.
Any brand names and product names mentioned in this book are subject to trademark, brand or patent protection and are trademarks or registered trademarks of their respective holders. The use of brand names, product names, common names, trade names, product descriptions etc. even without a particular marking in this works is in no way to be construed to mean that such names may be regarded as unrestricted in respect of trademark and brand protection legislation and could thus be used by anyone.

Cover image: www.ingimage.com

Publisher: Südwestdeutscher Verlag für Hochschulschriften GmbH & Co. KG
Heinrich-Böcking-Str. 6-8, 66121 Saarbrücken, Germany
Phone +49 681 37 20 271-1, Fax +49 681 37 20 271-0
Email: info@svh-verlag.de

Printed in the U.S.A.
Printed in the U.K. by (see last page)
ISBN: 978-3-8381-3282-2

Copyright © 2012 by the author and Südwestdeutscher Verlag für Hochschulschriften GmbH & Co. KG and licensors
All rights reserved. Saarbrücken 2012

Dank für die Unterstützung
Prof.Dr. Franz Schaffer ....Universität Augsburg
Prof.Dr.Wilhelm Gessel ....Universität Augsburg
Prof.Dr.Murat Demircioglu ....Yildiz Technische Universität Istanbul

URBANE SIEDLUNGSINNOVATIONEN

Raumordnung
Infrastrukturachsen
für die Grossräume
Konzepte - Projekte - Perspektiven

Dr.rer.nat. Sitki Koca
Dipl.Ing.Architekt und Stadt-Strukturplaner

Urbane Siedlungsinnovationen

Das Haus - Das Fenster zur Welt des Menschen

URBANE SIEDLUNGSINNOVATIONEN*

Raumordnung
Infrastrukturachsen für die Großräume
Konzepte - Projekte - Perspektiven

Dr.rer.nat. Sitki Koca
Dipl.Ing.Architekt und Stadtplaner

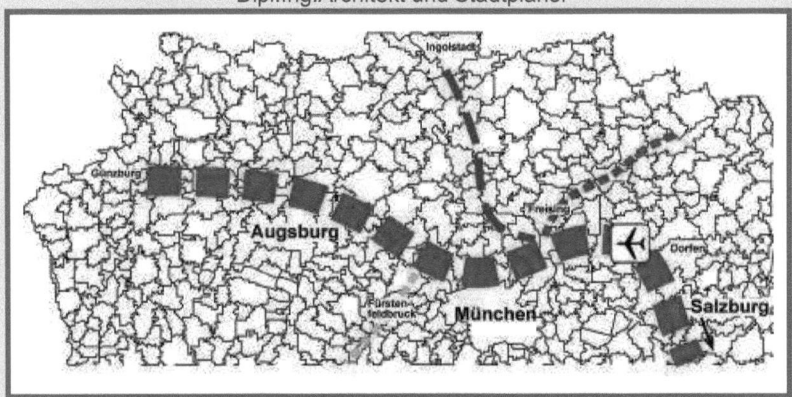

Millennium Bogen-Münchner Norden-Infrastrukturachse-Kontinentalenachsen

*Kurzfassung der Dissertationsarbeit, abgeschlossen an der Mathematisch Naturwissenschaftlichen Fakultät der Universität Augsburg am Lehrstuhl für Sozial- und Wirtschaftsgeographie (Human Geographie) im Jahr 1996-2000

*Der Autor hat seine Grundgedanken über Raumordnung und Siedlungswesen in den 80'- er Jahren zu seiner Projektbearbeitungszeiten angefangen zu denken und zu vertiefen. Er hat nach langem Prozess diese Gedanken erst im Jahr 2000 fertig schreiben können

www.drkoca.eu

Abb.a1- Projekt Omsk Panaroma

Urbane Siedlunginnovationen

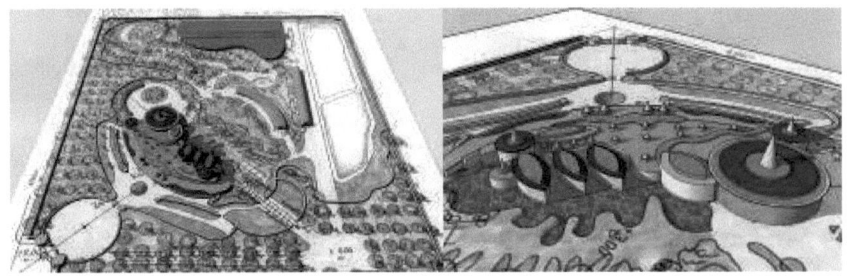

Abb.a2.a3- Project Castle-country seat
Konzeptprozess als Bausteine für die URBAN-Siedlungsentwicklung

Konzept.Life-Tree Iraq -Infrastrukturachse Auf Landesebene- als Beispiel

Life Tree - Infrastrukturachse Iraq zukünftige selbständige - nachhaltige Raumentwicklung – nach einem schweren Krieg habe ich zweimal diese Region besucht. Die Menschen brauchen dort endlich geregelte Lebenverhältnisse.

I) Wir präsentieren: "**Der Irak Life Tree**" als grundlegende Philosophie ebenso wie ein nationales Entwicklungskonzept für Irak. *Zunächst auf Landesebene, dann auf nationaler Ebene werden Flächennutzungsplan Konzepte und Entwicklungs-Frameworkprogramme, Gesetze, die die regionale Planung unterstützen, erarbeitet werden. *Zur Entwicklung der Rahmenprogramme gehören Wasserschutzgebiete, Landschafts-und jede Art der Flächennutzung. Die historischen Bereiche unterliegen dem Schutz der Entwicklungsgesetze die, bei der Realisierung durchgesetzt werden.

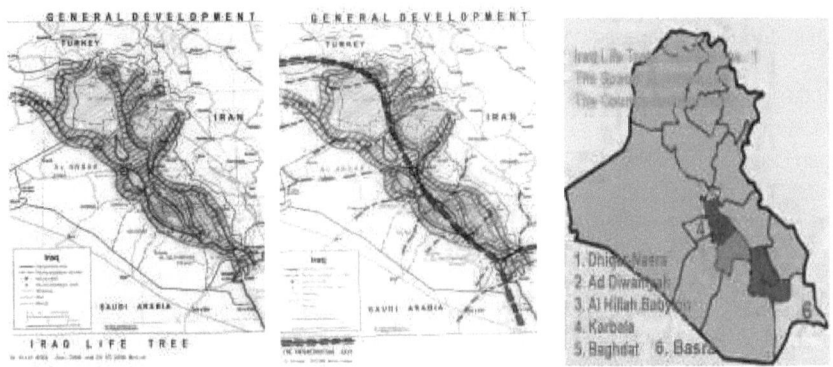

Ab b. a4-5-6 Life Tree Devolopment - Iraq

II) Anbei finden Sie einige größere Projekte in zusammengefasster Form präsentiert. Diese verschiedenen Projekte sind in relativ kurzer Zeit, aber mit der Überzeugung, dass wir sie für die Menschen in Irak verwirklichen wollen, entwickelt worden. Darüber hinaus sind weitere Projekte bereits in Planung.

III) Die Grundidee hinter dieser Entwicklung Konzepte kam in Kurzform dem Flyer "- Vision Main Philosophie" entnehmen werden.

IV) Das ist und bleibt ein ganzes Leben lang Mission für uns alle und für alle, die mit uns beim Wiederaufbau Ihres Landes arbeiten wollen. Wir möchten diese Gelegenheit nutzen, um unsere Dankbarkeit gegenüber allen, die uns in unseren Arbeiten unterstützen, zum Ausdruck bringen.

DIE Raumordnung und Raumentwicklung IN DER REPUPLIK Irak für die GROUP 1 PROVINZEN.Südlich.von.Bagdat
1 -Dhiqar, 2 - Diwaniyah, 3 - "Babylon, 4 - "Karbala, 5 - "Baghdad; 6 - "Basra
* Wir haben bereits unsere grundlegenden konzeptionellen Ideen und deren grobe Pläne für die oben genannten Provinzen den jeweiligen staatlichen Stellen für die Umsetzung vorgelegt (eingeschlossen "Irak Life Tree").

* Unsere Vorschläge für die weitere Entwicklung
A - Auf der Ebene der Bundesländer, für jede der jeweiligen Provinzen
1 - Raum-und Regionalplanung Strukturplanung:
   - Raumplanung, National Planung - Gesetzbuch; ,
   - Strukturplanung - politische Entwicklung und die Zukunft der nationalen Entwicklung
   - Projektionsfläche der Entwicklung: Schutz und zur Nutzung der kompletten Fläche Entwickelt werden.
   - Architectural- Landschaftsentwicklung: Wasser, Grünflächen und Denkmalschutz.

2 - Auf der Ebene der Landeshauptstädte: (Al Nassiriyah, Ad Diwaniyah, Al Hillah und Karbala).
   - Urban Development Plan - Master-Plan;,
   - Landschaftsarchitekten Plan;
   - Green Area Development Plan;,
   - Die Pläne für ein System der Urban Transportation.

B - Auf nationaler Ebene (Irak) die Urban - Architectural Concepts sind für jede der 4 Provinzen (6 einschließlich Basra und Bagdad) entwickelt , wird in einem Kontext der National Development Plans werden.

Urbane Siedlungsinnovationen

Infrastrukturachsen - für die Großräume
Konzepte.. Projekte.. Perspektiven

INHALTSVERZEICHNIS

Urbane Siedlungsinnovationen 1-4
Konzept Life Tree Iraq – Infrastrukturachse auf Landesebene 5
Inhaltverzeichnis 7
Vorwort 9

Teil I: A Einführung 13
         B Projekte, Umsetzung, Perspektiven 19
            Rahmenbedingungen urbaner Prozesse 19
            Ansätze einer Neuorientierung 29

Teil II Innovative Konzepte im urbanen Raum 37
         A Istanbul - Marmara Konzept 38
         B Mäanderstädte , Ägäiskonzept 44
         C Stadthügel Wien – Westbahnhof 51
         D Raumleitlinien zur Nachhaltigkeit im Münchner Norden 56

Teil III Integration eines lokalen Agenda Prozesses 67

Teil IV Perspektiven für die Siedlungsinnovation 72
         Menschengerechte Siedlungen 75
         Konzept fün den Münner Norden – Artikel von Süddeutsche Zeitung 82

Teil V Projektstudien 85
         A-Projekt "Grüne Stadtachse Augsburg" 85
         B-Untersuchung im Münchner Raum 101
         Projekt Ortszentrum - Vaterstetten 101
         Projekt . Konzept Beispiele 107
Literatur und Quellenverzeichnis 113
Anhang – Beitrag zur Habitat II Juni 1996 in Istanbul .... 115 / 117
Konzept Beispile Gewerbezentrum in Istanbul 118

Urbane Siedlunginnovationen

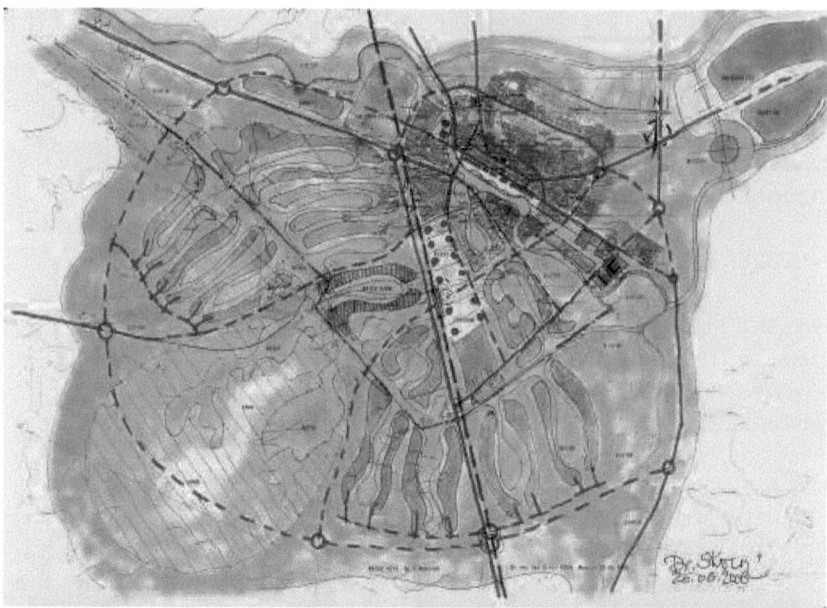

Abb.a7-a8 Konzeptprozess als Bausteine für die URBAN-Siedlungsentwicklung
Entwicklung als zukunftfähige Stadtstruktur und Stadtachse Stadt Diwaniyah- - Irak

Vorwort

Urbane Siedlungsinnovationen

Im Verlauf der historischen Entwicklungen der westlich-mediterranen Architekturgeschichte setzen Sakral- und Profanbauten ganz unterschiedliche und kulturell differenzierte Akzente für neue Epochen im Städtebau. Die Innovationen variieren von der Konzentration auf wenige herausragende Einzelbauten bis hin zur inneren und äußeren Neuorientierung der Siedlungen durch Veränderungen im Verkehrssystem und die davon impulsierten Infrastrukturen innerhalb der Stadt. Vor allem im Hellenismus wurden erstmals dominierende Einzelbauten durch Achsen und Plätze in einer neuen Stadtbaukunst aufeinander bezogen.

Solche architekturtheoretischen Überlegungen bestimmen die Fragestellung der Doktorarbeit von Herrn Sitki Koca. Aus der baugeschichtlichen Analyse und der Kritik des zeitgenössischen Städtebaus werden einerseits eklatante Fehlentwicklungen diagnostiziert aber andererseits innovative Konzepte für eine soziale und funktionale Therapie der großen Städte gefordert und durch eigene Projekte perspektivisch umgesetzt und implementiert (z.B. Projekte im Münchner Norden oder Denizli). Aus der Beobachtung von historisch belegten Umorientierungen wird dafür die kultur-genetische Rechtfertigung abgeleitet.

In den großstädtischen Ballungsräumen von heute folgte einer Konzentration auf ein Zentrum oder auch mehrere Kerne die bisher unkontrollierbare Auswucherung in die Peripherie und Bildung einer „zentrenschädigenden Zwischenstadt". Daraus resultieren Rückwirkungen auf den öffentlichen Raum der Innenstädte und die Fehlinterpretation ihrer uneingeschränkten Zugänglichkeit durch das Auto – aber auch durch die Hochgeschwindigkeitssysteme der Bahnen! Gerade auf der axialen Neustrukturierung der modernen urbanen Dynamik durch überregionale Infrastrukturachsen von Schnellbahnsystemen (z.B. Tansrapid), Versorgungs- und Kommunikationsleistungen an der Peripherie der großen Städte beruht die Lösung der Problematik. An Beispielen von Projektideen und ihrer planerischen Ausformung und Umsetzung werden im Hauptteil der Arbeit Zukunftsperspektiven für die Großräume von Istanbul, Denizli, Wien und München entworfen.

Fehlentwicklungen von Istanbul und der Marmara-Agglomeration können durch die axiale Neuorientierung über den Bosporus aber gleichzeitig auch über die Dardanellen korrigiert werden. Dadurch lassen sich zusätzlich die erheblichen Erdbebenrisiken im metropolitanen Großraum von mehr als 12 Millionen Menschen in der Marmara-Region deutlich reduzieren.

Im Talverlauf des kleinasiatischen Mäander (Büyük Menderes), an der „Denizli-Sarayköy-Achse" werden kulturelle Impulse entlang der Seidenstraße neu akzentuiert und mit den modernen Kräftefeldern des Fremdenverkehrs und einer nachhaltigen Industrialisierung verknüpft. Die „Mäanderachse" erlaubt die Entwicklung eines hochmodernen und umweltfreundlichen Verkehrssystems, das die Peripherie der herausragenden Städte berührt. Prosperierende Raumabschnitte lassen sich vor allem für das Städteband „Denizli-Pamukkale-Hierapolis" (Gewerbe, Textil, Fremdenverkehr) und die Abfolge von „Nazilli-Aydin-Selcuk-Ephesus" (Handel, Kulturtourismus, Industriehafen) unterscheiden. Das Innenstadtgebiet von Denizli wird über eine lokale Stadtachse an das Schnellverkehrssystem von Izmir-Aydin in das überregionale „Mäanderband" integriert.

Abb.a9 Konzeptprozess als Bausteine für die URBAN-Siedlungsentwicklung

Mit einer vergleichbaren axialen Bündelung neuer Infrastruktur im „Millenium-Bogen" von München-Nord variiert der Autor die axiale Konzeption mit lokalem Zubringer. Ihm gelingt es dadurch, zukunftsweisende Raumleitlinien für eine unkontrolliert gewachsene „Zwischenstadt" (Thomas Sieverts, 1998) zu definieren und mit schrittweise verwirklichten kommunalen AGENDA 21-Prozessen zu verbinden. Mit eigenen Planungen für Unterschleißheim/Hollern setzt der Autor sehr überzeugend die Zukunftsperspektiven in konkrete Projekte um. Dadurch lassen sich auch die kräftigen Wachstumskräfte rings um den internationalen Großflughafen (gleichzeitig neuer Hochgeschwindigkeitsbahnhof) geschickt in die örtlichen Bebauungspläne einbeziehen.

In der Idee der Implementierung solcher Konzepte liegt der eigentliche methodische Fortschritt für eine neue anwendungsbezogene Stadtforschung als Experimentelle Stadtgeographie. Hier gilt es künftig die Untersuchungsmethoden anzupassen und vor allem auch theoretisch abzusichern (Architekturtheorie, Experimentelle Urbanistik, Interkulturelle Variationen) und weitere Beispiele anzuführen. Mit dem

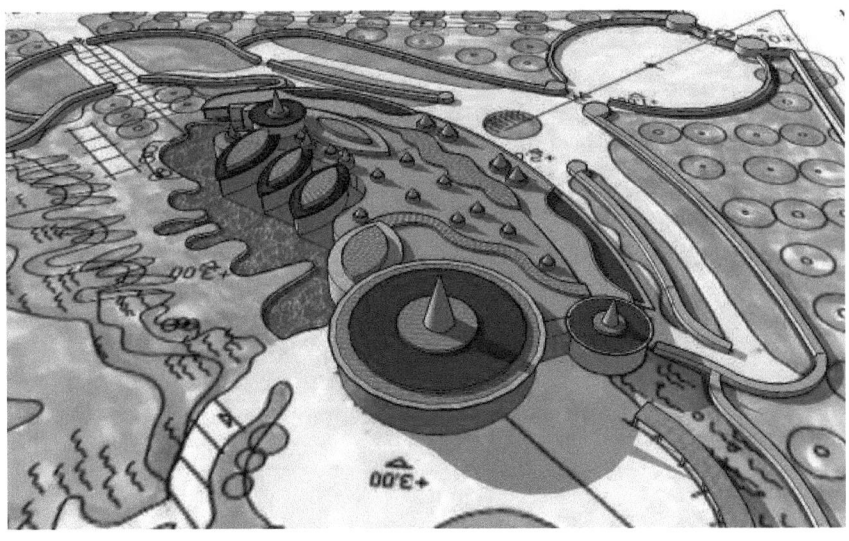

Abb. a10 Konzeptprozess als Bausteine für die URBAN-Siedlungsentwicklung

Projekt „Stadthügel Wien-Westbahnhof" skizziert Herr Koca bereits diesen Weg. Als NGO-Delegierter (des Lehrstuhls für Sozial- und Wirtschaftsgeographie der Universität Augsburg) auf der Habitat II Konferenz der Vereinten Nationen in Istanbul konnte der Autor seine Konzeption von der axialen Neuorientierung der Megastädte sehr erfolgreich diskutieren und der internationalen Fachwelt präsentieren.

Herr Koca ist in der Türkei geboren. Er hat in Ankara und Istanbul sein Studium absolviert, bevor er als erfolgreicher Architekt in München und Denizli eine Planungsgruppe gründete und heute weiterführt. Besonders hervorheben möchte ich, daß Herr Koca die Doktorarbeit in deutscher Sprache geschrieben hat. Eine Kurzfassung in Türkisch sollte bei er Publikation noch berücksichtigt werden, um die Ergebnisse auch in der Türkei einer breiten Fachöffentlichkeit zugänglich zu machen.

Prof. Dr. Franz Schaffer

Augsburg im August 2000

Abb. a11 Konzeptprozess als Bausteine für die URBAN-Siedlungsentwicklung

Teil I

A - EINFÜHRUNG . SIEDLUNGEN

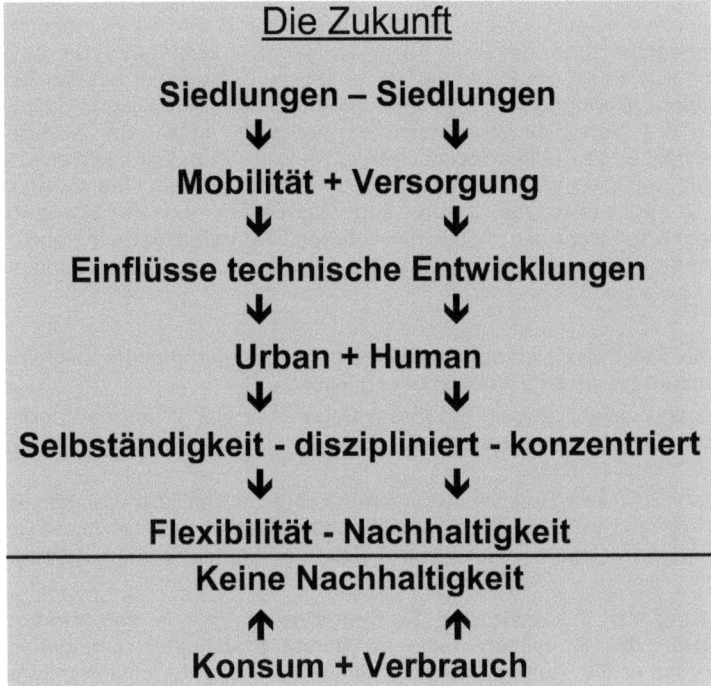

Die Zukunft

Siedlungen – Siedlungen
↓ ↓
Mobilität + Versorgung
↓ ↓
Einflüsse technische Entwicklungen
↓ ↓
Urban + Human
↓ ↓
Selbständigkeit - diszipliniert - konzentriert
↓ ↓
Flexibilität - Nachhaltigkeit
Keine Nachhaltigkeit
↑ ↑
Konsum + Verbrauch

Vorbemerkung und Habitat II in Istanbul Juni 1996

Der Mensch hat seine erste Haut als Geschenk bekommen, welche sein Leben wahrnehmend, schützend und aufbauend richtet. Seine zweite Haut ist seine Siedlung, welche er über die Wahrnehmungen seiner ersten Haut aufbauend entwickeln sollte.

Unglücklicherweise wurde diese Siedlungsentwicklung schon von Anfang an als Architektur wahrgenommen, wobei die Architektur als Kunstobjekt von den Einzelnen für die anderen Einzelnen (machthaber) ausgeführt wurde. Diese Entwicklung war von Anfang an irreführend. **Architektur ist keine Kunst, sondern hauptsächlich eine Raumentwicklung für die Siedlungen (Hülle-Bau) als zweite Haut für die Menschen, ist daher anonym.**

Wenn wir zurück blicken ab Bosporus-Istanbul Richtung Osten bis China, waren auch diese Entwicklungen einfach und anonym, unkompliziert. Daher wurden bei dieser Arbeit besonders die während letzten 3000 Jahren bis zur Gegenwart von den Europäern veranlasste / mitgetragene Entwicklungen im Siedlungswesen als historischer Hintergrund aufgezeigt. Architektur ist hier im wesentlichen Kunst- und Macht orientiert.

Habitat II im Juni 1996 in Istanbul hat wieder gezeigt, dass das Siedlungswesen in verschiedenen Entwicklungsebenen nach den Bedürfnissen der Europäer orientiert und festgelegt werden sollte. Solch ein Abschlussdokument kann aber nicht unbedingt positiv angenommen werden. **Ein Punkt im Habitat II-Dokument „jeder hat das Recht auf eine angemessene Wohnung".** Solange aber die Architektur als Kunst und Hauptgeschäftsfeld im Leben des Menschen bleibt, kann es dies nicht geben. Der Mensch muss sein hauptgeschäftliches Treiben neu definieren, wenn er überhaupt seine zweite Haut retten und positiv aufbauen will, um lebensfähig bleiben zu können. **Ein zweiter Punkt von Habitat II sagt, dass die Städte und Gemeinden (Lokale Ebene-NGO / nicht Regierungsorganisationen) gleichberechtigte Konferenzpartner und gleichzeitig ausführende Kräfte sind.** Sie sollen in der Zukunft selber die Entwicklungen in die Hand nehmen, sowie die Einflüsse der Politiker und Finanzmärkte abbauen.

Hier für die Zukunft, Fürstentümer=Föderalismus=Regionalpoltik hat keinen Platz, um die Gedanken herum sich zusammenschliessen.

Der folgende Wortlaut **„Zeigen Sie ihrem Gegenüber wer Er ist, dann erkennt Er, wer Sie sind"** gilt für alle und auf allen Ebenen, weil es immer nur vom ausgehenden zurückkommend sein kann.

Hier im Jahr 2000 kurz zu erwähnen, dass im Labor von Dr.Lijung Wang an der Universität Princeton anhand von Versuchen gezeigt wurde, dass es eine Geschwindigkeit 300 mal schneller als die Lichtgeschwindigkeit gibt, **das Ende kommt vor dem Anfang.**

'Die Lösung der Propleme des Siedlungswesen liegt in den Kindergarten. Das Bewusstsein des Menschen muss im frühen Kindesalter dahingehend erweitert werden, dass er die (Aussen) Welt als eigene wahrnimmt. Dementsprechend muss der Mensch ein Gefühl von der Welt als ein Ganzes empfinden. Nach diesem Gesichtspunkt sollte er seine Behausung schaffen und sein Umfeld ordnen.

Für den Menschen in der Zukunft, gilt es von der Ebene seiner lokalen Heimet, in eine andere ganzheitliche Ebene – zum Weltbürger – empor zu steigen. Egal im welchem Land der zukünftige Mensch leben wird, er darf auf keinen Fall das Gefühl von einer loklen Begrenzug seines Wesens bekommen. Vielmehr muss er sich überall, wo er auf die Welt kommt, wohin er immigriert etc.in der einen Heimat, der Welt, zu Hause fühlen. Deshalb dürfen Eltern und Erzieher in den Kindergärten nicht den Fehler machen, zwischen **„Wir"** und **„die Anderen"** zu unterscheiden, in jeden Kindergärten gehört ein Globus, den die Kinder bereits am ersten Tag sehen und auch damit spielen können sollten.

Siedlungen - Gegenwart / Vergangenheit

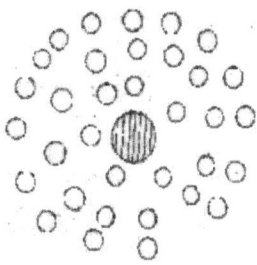

Das erste Zelt = Zentrum
Umgebende Zelte = zentral orientierte
Stadt Abb. 1: Zentrale Siedlungspolitik
(Koca 2000)

Abb. 2: Mexico City in der Gegenwart
(Richard F. Townsend, The Aztecs,
London 2000)

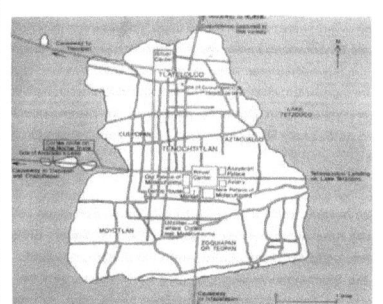

Abb. 3 Mexico City - vor Entdeckung
Amerikas (Richard F. Townsend, The
Aztecs, London 2000)

Abb. 4: Blockbebauung in Wien
(Stadtentwicklungsplan Wien 1994,
Stadtplanung Wien)

Abb. 5: Innenstadt Detroit 1916
(Stadt Bauwelt, Heft 36, 86. Jg., 1995)

Abb. 6: Innenstadt Detroit 1994
(Stadt Bauwelt, Heft 36, 86. Jg., 1995)

Abb. 7: Skyline von Kuala Lumpur 1993
(Stadt Bauwelt, Heft 48, 87. Jg., 1996)

Abb. 8: Baustellen in Kuala Lumpur
(Stadt Bauwelt, Heft 48, 87. Jg., 1996)

Liebe Geister und Seelen...

"An einem Strang ziehen"

Wenn Laute Individualisten sind und Personen im Vordergrund stehen,wie soll das gehen, zusammen zu leben. Ein Sternenhaufen, der ist bescheiden in die Ewigkeit... Sind sie fähig, dürfen Sie Super-Nova sein. Supernova sein ist es nicht Selbstabschluss.sein.eigenes.Ende.

Die Ideen tragen, dafür Arbeiter sein wollen, können... Die Ideen tragen das Dach des Lebens. Die Ideen sind der Chef des Lebens...Das Leben ist der Morgen der Zukunft. Gibt es einen Anfang, ein Ende... oder der Anfang = das Ende

Daher... im Bündel... in Allem... zu sein, ist es nicht Dauerständigkeit... und führt daher zur Selbständigkeit... Selbständigkeit ist kein Wachstum, kein Verbrauch, kein Konsum... Selbständigkeit, kein Alleingänger, keine Selbstvernichtung sondern Zusammenschließen... Selbständigkeit ist Nachhaltigkeit

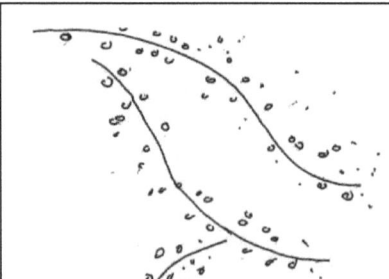

Abb. 9 Siedlungszukunft:Durch die Linienbestimmung Grundfunktion: Bildungsrückgrat-Traggrat des Lebens (Koca 2000)

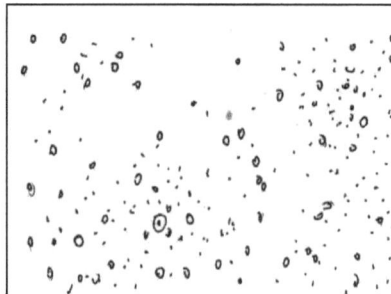

Abb. 10: Siedlungsbestand - Geschichte Vernetzung der einzelnen Punkte sind Vernichtung (Koca, 2000)

Urbane Siedlinginnovationen

Im Bündel der Gesamtheit der Siedlungsentwicklung

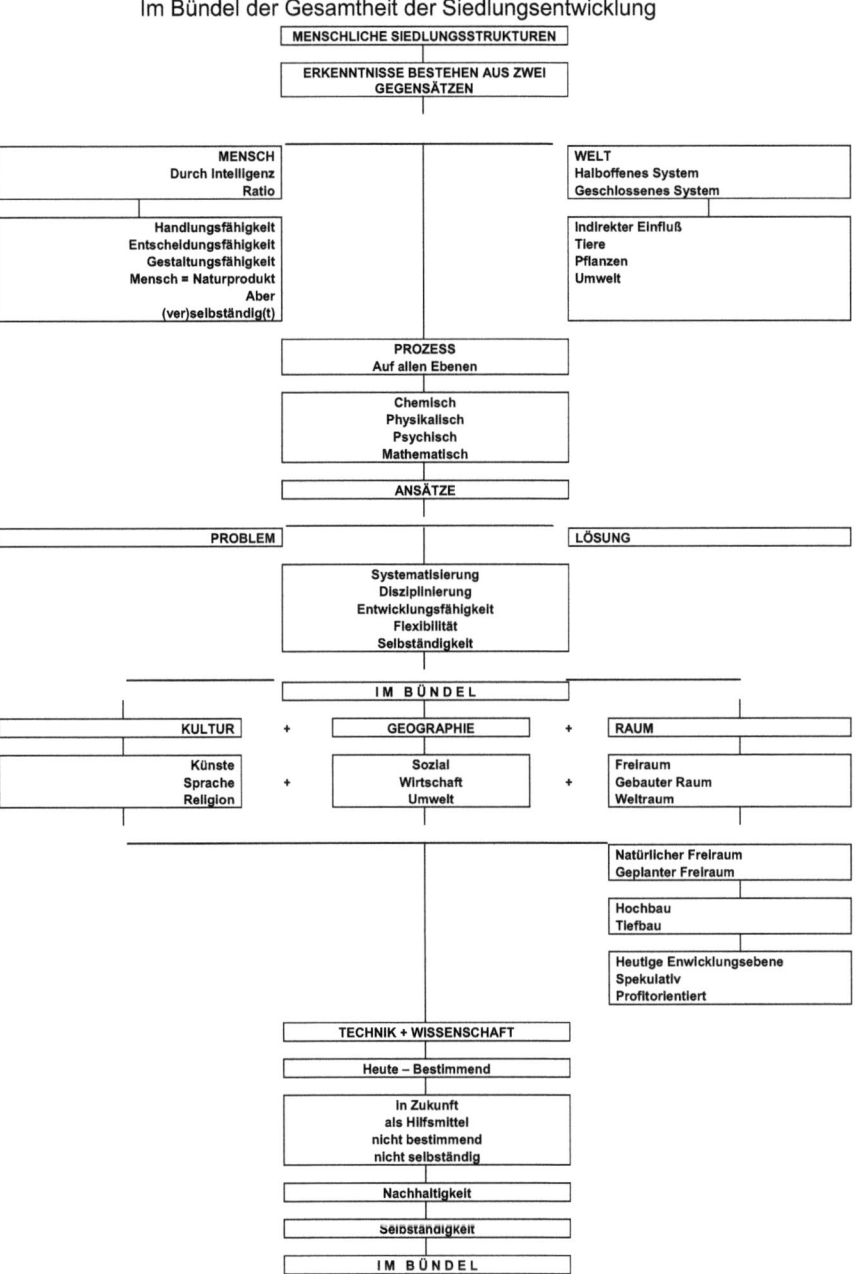

Abb. 11 Zeitloses leitendes Prozeßschema, welches die Entwicklungen als Kreislauf darstellt. Quelle: S. Koca

Ursache-Erklärung

Der Gedanke, wie auf der Abb.1 darstellt, ist, dass alles im Bündel einen Kreislauf darstellt, was in der Gegenwart jedoch nicht ernst genommen wird. Dadurch, dass der Mensch sich von den Vierbeinern abhob, führte dazu, dass er auch den Kreislauf durchbrach. Er trat als Einzelwesen immer mehr zu isolieren. Das, was wir heute erleben, sind überwiegend ICH-bezogene Entwicklungen. Darin liegt die Ursache, daß der Mensch sich nicht zukunftsfähig entwickeln kann. Das Kreislaufsystem, welches keinesfalls ein tierisches „Kommunleben" sein muss, ist als Rückendeckung-Einbindung-Basis für alle wichtig.

Feststellung

Damit die Welt weiter besteht, sollte das menschliche Wesen sich einen Leitfaden entwickeln, der diesen Kreislauf neu aufbaut. Jeder soll sich in diesem Kreislauf seinen Zugehörigkeitsbereich einrichten. Eine gemeinsame Wahrnehmungsplattform muss neu entwickelt werden. Die Siedlungsentwicklungen sind somit Maßstab für das Niveau menschlicher Entwicklung. Die Situation des Menschen heute zeigt, dass das Siedlungswesen und der Flächenverbrauch völlig neu überdacht werden muss und einer Neuorientierung bedarf.

Rückblick

Fehlerquellen des heutigen Siedlungswesens und die Antworten darauf sind in den Entwicklungen der letzten 2000 Jahre zu suchen.
Beispiel Mexico – City : Vorher ökologisch aufgebaute Lagunenstadt, eingebaut in den Kreislauf. Heute ist sie eine aufgefüllte und versteinerte Oberfläche.

Anfang der Neuzeit

Beginn der Industriezeit : Entwicklung gegenüber dem menschlichen Tagesablauf kontinuierlich gesteigert und wurde zum Störfaktor.
Neue Einteilung bzw. Trennung in Zukunft notwendig: : Vorindustriezeit - Industriezeit - Nachindustriezeit.

Gegenwart

> Abgeschlossene Form, die v.a. material- und zeitbegrenzt definiert wird. Feste Formen, Materialien, Flächenverbrauch und Techniken stehen im Vordergrund
> Umwelt, die dem menschlichen Entwicklungsablauf nicht-entspricht
> negative Wirkungen (z. B. menschlichen Verhaltensstörungen).

Massiver Flächenverbrauch durch die Siedlungen
> Mehrfacher Verbrauch an weiteren Flächen als Folge ("ökologischer Fußabdruck").
> Grundlegende Überlegung und Neuorientierung notwendig   > Ethisch, Soziologisch, Ökonomisch   (Source : P.Testemale 1995)

Zukünftige Orientierung

Neue inhaltliche Definition für das Siedlungswesen > Mensch muss über seine Hülle (=Räumlichkeit in abgeschlossener Form) einen Ausgleich und eine Anbindung an seine Außenwelt erfahren.
Form der Hülle darf nicht material- oder zeitbegrenzend definiert sein, sondern soll mehr zeitlose, freie Raumverhältnisse im Gesamten schaffen.

Teil I

B - PROJEKTE, UMSETZUNG, PERSPEKTIVEN
Ausgangslage und Fragestellung

In diesem ersten Abschnitt soll die Entwicklung der menschlichen Siedlungen in ihrem historischen Zusammenhang während letzten 3000 Jahren bis in die Gegenwart dargestellt werden. Die unkontrollierte Siedlungsentwicklung der verschiedenen Epochen ist der Ursprung für heutige Propleme und Fehlentwicklungen.
Inzwischen hat der Mensch erkannt, dass das Siedlungssystem einer Neu- orientierung bedarf. Die unkontrollierte Ausbreitung muss einer nachhaltigen, zukunftsfähigen Entwicklung weichen. Die Verhältnisse wie sie unter Punkt Fehlentwicklungen im Siedlungssystem dargestellt werden, können und dürfen nicht die Zukunft sein. Neue Ideen und Konzepte, bzw. **urbane Siedlungsinnovationen,** müssen der Umsetzung zugeführt werden. Ansonsten stellt sich bald die Frage, ob die Welt ihrem Untergang zusteuert.

Rahmenbedingungen urbaner Prozesse

Historischer Hintergrund

Siedlungsentwicklungen der letzten ca. 3000 Jahren überwiegend in den europäischen Entwicklungsräumen:
- 1-Minoisch – Mykenisch
- 2-Griechenland
- 3-Rom
- 4-Byzanz
- 5-Gotik
- 6-Renaissance
- 7-Barock
- 8-Spätbarock und Rokoko
- 9-Klassizismus und Historismus
- 10-Gegenwart

Minoisch-Mykenisch(1)vgl.Martin Roland, Griechenland Weltgeschichte der Architektur

Die minoisch-mykenischen Städte erfahren die Auswirkungen einer kraftvollen Renaissance; und zwar der Kultur der Pharaonen des Neuen Reiches Ägypten. Das minoische Kreta steht am Anfang der Architekturgeschichte des Westens. In den grossen Palästen der spätminoischen Zeit, zwischen 1600 und 1400 v.Chr. zeichnen sich alles Geschick und alles Suchen nach einer nuancierten und kunstvoll hierarchisierten-Palast.und.Königspalastarchitektur.

Man erkennt hier eine Entwicklung, welche eine zerspliettierte und Dörfern oder in begrenzten Gebieten verstreute Gesellschaft in eine politische, um Fürsten zentralisierte Organisation zusamenfaste. Die Fürsten schufen in ihrem Palast die Grundelemente eines städtischen Systems und ein Regime Stadtstaaten (zB. Mallia,Knossos,Zakros,Palaikastros.)

Diese Könige, die in ihrem Territorium die politischen und religiösen Funktionen ausüben,stellen zweifellos politisch autonome Gruppierungen dar, ohne dass heftige Rivalitäten sie zur Bildung mächtiger Defensivorganisationen gezwungen hätten. Sie hatten nicht die Macht ihrer Nachbarn, mit denen sie jedoch Handel treiben und auch künstlerische Beziehungen unterhilten.

.der ersten Paläste. Sie haben sowohl die Rolle, die der Hof als autonomes und wichtiges Element spielt, als auc das funktionelle Prinzip bestimmt, nach dem die Quartiere um den Hof herum verteilt sind, wo sich die Nutzarbeiten und die politischen, administrativen und religiösen Funktionen abspielten, und auch nebeneinander der Privaträume, der Prunkräume, wie z.B. der Gebrauch der Säule und Pfeilers.

Betrachtet man die Vorpalastzeit, so kann man ihr die Geburt und die Entwicklung eines echten Stadtlebens gutschreiben, das sich um den Palast herum entwickelte. Ein Netz von Starssen von dem Palast aus, zum Meer hin, in die Ebene, zu Nekropolen, die ihn umgeben. Es handelt sich hier nicht um eine geometrische, sondern um eine topographische und funktionelle Trasse, die den Stand der Gemeinschaft auf diesen Boden zur Bronzezeit spiegelt. Sie drückt die privilegierte Situation des Palastes und seiner Zugänge aus, aber ebenso auch die wichtige Rolle eines de öffentlichkeit dienenden Platzes mit dazugehörigen Bauten.

Eine Konzentration von Können entsteht seit 1700 v.Chr. rings um die Palastanlagen und setzt sich im 16. Und 15. Jh.v.Chr. weiter durch. Sie führt zu einer bemerkenswerten architektonischen Entwicklung, sowohl der Palaste auch ihrer Umgebung.

Zahlreiche Regionen der mediterranen Welt wurden im Verlauf des 14.und 13. Jh. v.Chr. vom mykenischen Erbe geprägt. Aber heftige Erschütterungen sollten dann den Sturz der Macht Mykenes herbeiführen und es von der Karte der Kulturen auslösen.

Griechenland(2) vgl.Martin Roland, Griechenland Weltgeschichte der Architektur

Von einem Ende zum anderen in jenen Bezirken um das Mittelmeer, die später die „griechische Welt" bilden sollten, provoziert der Zusammenbruch der mykenischen Kultur Wanderungen von Völkern, die die Leere anzieht oder die von Schwierigkeiten innerer oder äuserer Art veranlasst werden, von einer Küste der Ägäis zur anderen hinüberzuwechseln.

Vom 11. Bis 8. Jh.v.Chr. suchen die griechischen Völker ein neues Gleichgewicht und erproben ihre politischen und sozialen Strukturen, aus denen die Polis entstehen soll, die griechische Stadt, eine urtümliche und fruchtbare Form, wo die prägnantesten Werke der Kunst und Architektur erblühten.

Sie ist eine soziale und politische Gemeinschaft. Ihr Gleichgewicht ist noch labil und das Verhältnis zwischen Familienstrukturen und den ersten grösseren sozialen Gruppierungen oft gestört. Die Gruppen sind durch gemeinsame Interessen, zwischen den grossen landbesitzenden Familien und den kleinen Leuten, Meiern

oder Eigentümern eines kleinenBesitztums, gebunden. **Es ist eine Gesellschaft, in der die politischen Rechte vom Besitz und der Familienzugehörigkeit abhängen. Man baut isoliert und autonom.**
Die ersten städtischen Bauwerke verschmelzen mit den Elementarformen des Hausbaus. Erst im 6.Jh.treten Gebäude auf, in denen sich die Organe der Politik und Verwaltung, der Polis, einrichten und ihre Funktionen ausüben. Sie sind der Wiederschein der Bildung und Entwicklung der poltischen Gemeinschaft.

Das Prytaneum (Präsidialgebäude) ligt im Herzen der Stadt. Es dient dem gemeinsamen Leben. Religiöse und profane Funktionen sind eng miteinander verbunden.

Eng verbunden, wie sie mit den politischen und sozialen Strukturen der griechischen Stadt sind, kann man die architektonischen Gesamtanlagen, Heiligtümer, Agoren und Gymnasien, nicht vom städtischen Komplex trennen, der den wesentlichen Rahmen der politischen Gemeinschaft bildete. Die Stadt war es also, die den Prinzipien der architektonischen Komposition ihren Stempel aufdrücken sollte.

Diese Prinzipien und Beziehungen hängen von den historischen Bedingungen ab. In den antiken Städten führte die fortschreitende Wandlung die traditionelle Abfolge des Regimes herbei-nämlich das Königtum, aus mykenischer Tradition hervorgegangen; die Oligarchie oder Aristokratie, in den Händen der Grossgrundbesitzer; dann die Demokratie, die durch die Entwicklung der beweglichen Güter und die Zunahme der Handelsbeziehungen eingeführt wurde.

Die Akropolis, Sitz des königlichenPalastes, der mit dem Tempel der Stadtgottheit vebunden ist – beherrscht die Stadt und bildet deren monumen- tale Krone. Die Agora dagegen mit ihren öffentlichen bauten und ihren Handelsfuktionen ist erst eine späte Erscheinung; sie liegt in der Neustadt und wendet ihr Gesicht nac aussen und in Richtung der Häfen.

Hippodamus, dessen Name ein Symbol für den griechieschen Städtebau werden sollte, legt die Formeln fest und lässt die Regeln anwenden, die er einer Ausarbeitung über die besten Lebensbedingungen des Bürgers im städtischen Rahmen zugrunde gelegt hatte, unter Berücksichtigung dessen, was schon in den griechischen archaischen Städten und insbeseondere in Grossgriechenland geschen war. **Die Aufteilung des Stadtgrundes und die Aufteilung des Raumes ent- sprecehen den Funktionen der Stadt.**

Ihren politischen, religiösen,sozialen und wirtschaftlichen Verpflichtungen entsprechen Verwaltungszonen, religiöse Zonen und Handelszonen, die ihren Platz im Grundriss de Stadt finden und untereinander in Verbindung stehen. Sie erhalten die Gebäude, die ihren Funktionen angepasst sind. Jede dieser Zonen wird als Staatsdomäne betrachtet und wird durch Grenzsteine bezeichnet.

Die Architektur der Städte weicht einer Architektur der Fürsten und Monarchen. Das Bedürfnis nach Prunk, der Wunsch, die politische Gegenwart auszudrücken und anschaulich zu machen, durch Bauwerke von der eigenen Wirtschafts- und Finanzkraft Zeugnis abzulegen, dies bringt die Proportionen und Ausgewogenheit in Unordnung, zu denen der Rahmen der antiken Städte gezwungen hatte.

Die Komposition der monumentalen Gebäudeanlagen und ihre Beziehungen zum umgebenden Raum erfahren zu Beginn der hellenistischen Epoche eine grund- legende Wandlung. In den heiligen Städten und auf den archaischen und klassischen Agoren werden die Gebäude nach ihrer spezifischen Funktion und nach ihrer Individualität behandelt.

Der Raum organisiert sich frei um sie herum und nimmt ihre Nebengebäude auf. Als – aus Gründen der Stadtpolitik – ein strengerer Rahmen festgelegt wird, scheint der architektonische Raum immer weit offen und in direkter Verbindung mit den ihn umgebenden Zonen geblieben zu sein.

Die politische Evolution setzt die zentralistischen und protzigen Tendenzen der hellenistischen Fürsten an die Stelle der monumentalen, verschiedenartigen und oft auseinanderstrebenden der griechischen Städte.

Die Gebäude verlieren an Autonomie und werden den sie umgebenden Anlagen eingefügt, die sich schliessen und zusammenschliessen. Die monumaetalen Massen werden nuninnerhalb eines klar bestimmten und rigoros abgrenzten Raumes voneinander abhängig. Die Terassen und Plätze werden von Portikus umgeben, die damit einen Raum auschneiden, dessen Inneres wie das eines Einzelbaus behandelt wird. So entsteht eine architektonische Landschaft, deren Elemente alle voneinander abhängen und die nach der Funktion ihrer plastischen oder bildhaften Wirkung organisiert sind. Von nun an werden die grossen Regeln der symmetrischen Ausgewogenheit und der axialen Anlage ins Spiel kommen.

Rom(3) vgl.Ward-Perkins,John B, Rom Weltgeschichte der Architektur

Das Repuplikanische Rom; Die ovalen Hütten aus Holz, Flechtwerk und Stroh, die wir in den frühesten Siedlungsgeschichten auf dem Palatin finden, die Gräbern und Palisaden, die das Dorf von den umgebenden Feldern abschlossen, die heiligen Stätten, die mit der jahreszeitlich bedingten Magie einer primitiven ländlichen Bevölkerung verbunden waren, sie alle waren bedeutungsträchtig für die Tabus und die rituellen Bräuche des späteren Rom. Aber erst im 6.Jh.v.Chr. unter direktem etruskischen Einfluss, begegnet man man Gebäuden, die einen merklichen Einfluss auf die spätere Architekturgeschichte hinterlassen haben.

Nachh 338 v.Chr. wurde Rom zur Herrin eines beträchtlichen Gebietes im westlichen Mittelitalien. Dadurch wurden viele Kolonien neugegründet. Diese Tatsache führte zum Nachdenken, was eine Stadt sein sollte und welche Art von Bauten sie benötigte, um ihre wesentlichen Institutionen zu beherbergen.

Die formale Anlage der Strassen ist von den griechischen Kolonien in Süditalien abgeleitet, die schönen polygonalen Mauern sind nach alter mittelalterlicher Tradition erbaut, und die Bauten sind schon klar und spezifisch römisch.

In Norditalien wurde Rom zuerst ernsthaft mit dem Proplem konfrontiert, die städtischen Formen einer mediterranen Zivilisation in ein Gebiet zu verpflanzen, wo sie zuvor kaum Fuß gefasst hatten. Hier in den Kolonien und Stadtstaaten des 1. Und 2.Jh.v.Chr. entwickelte Rom unter dem Druck der Notwendigkeit die städtischen Modelle und des Standartmuster einer bürgerlchen Architektur. Die Verschmelzung italischer und griechischer Elemente ist vollkommen.

Das Auftauchen neuer Bautypen, um damit dem zunemenden Bedarf einer Gesellschaft im Stadium ihrer rapiden Entwicklung zu entsprechen. Dies berührte fast jedes Lebensgebiet, das öffentliche wie das private. Das Forum ist dafür ein gutes Beispiel.

Was uns diese Städte nicht zeigen können, ist, was ein Druck in Rom selbst bedeu-tete, wo das vielstöckige Mietshaus aus Fachwerk in den erschwinglichen Wohnquartieren schon ein Spitzname für ärmliche Lebensbedingungen war.

(Weitere Epochen von Byzans bis Gegenwart im original Disertationarbeit „ Urbane Siedlungsinnovationen" an der Universitätt Augsburg im Jahr 2000 entnehmen)

Zusammenfassende Beurteilung zum historischen Hintergrund

Zwei bedeutende Aspekte in der historischen frühen Entwicklungsphase *mit innovativer negativer Einwirkung auf die heutige Siedlungsentwicklung:*
a-philosophiesen Schulen b- der Vitruv , zehn Bücher über Architektur

a) philosophische Schulen:
(Vgl.Wilhelm Gessel, Zentrale Themen der Alten Kirchengeschichte)
1. die Platoniker (427 – 347 v. Chr.), *Gott als schaffendes Prinzip*
2. die Aristoteliker (384 – 322 v. Chr.), *Gott ist nicht ein Gestalter. Es gibt zwei Arten von Bewegung: die gewaltsame Bewegung und die natürliche Bewegung.*
3. die Stoiker (335 – 262 v. Chr.), *Gott ist ein Körper, weil nur Gleiches auf Gleiches einwirken kann. Die Willensfreiheit als Wahlfreiheit.*
4. die Epikureer (342 – 271 v. Chr.), *Die Lust ist das einzige Gut im Leben des Menschen.*
5. Platonismus (206 – 266 n. Chr.) *Der Mensch ist auf der Flucht aus dieser Welt. Er will sich Gott angleichen.*

b) der Vitruv, Zehn Bücher über Architektur
Es wurde im Jahr 17.v.Chr. zur Regierungszeit des Kaiser Augustus verfasst und erst im Mittelalter 15.Jh. übersetzt und eingeleitet. Es hat in der Architektur bis heute noch grosse Wirkungen.

Die Lehre des Vitruvs besagt, dass die Bauformen von der menschlichen Gesalt abgeleitet und genormt werden s Zum Schluss soll das Bauwerk, das entsteht, nur Kunst sein (Vollkommenheit und Göttlichkeit)

Wie unter Punkt a Philosophische Schulen zu sehen , hat die Betrachtung des Wesens nichts mit der menschlichen Realität zu tun. Daher hatten diese Schulen keine Einflüsse auf die menschlichen Siedlungen. Sie konnten zwischen erster und zweiter Haut des Menschen keinen Bezug aufbauen – herstellen. Vitruv hat in seinen Büchern, genauso wie die Philosophischen Schulen, keineswegs zu einer positiven Entwicklung beitragen, weil strenge Ordnung keine Freiheiten zuliess. Sie waren ausserstande, für die Menschen das Existenzminimum an Siedlungen zu schaffen und für diese zu handeln.

Während der historischen Zeit sind immer wieder neue Epochen entstanden. Das sind; Minoisch,Mykenisch, Griechenland, Rom, Byzanz, Gotik, Renaissance, Barock, Spätbarock, Rokoko, Klasizismus, Historismus und Gegenwart Die einzelne Epochen zeigen ihre Eigenheiten auf. Das sind die Innovationen, welche die Entwicklungen nicht unbedingt positiv fortgeführt haben. Betrachtet man weiterhin weltweit die Entwicklung der Siedlungen, so kann man keine weiteren Epochen feststellen, die in bestimmter Art positive Wirkungen eingeleitet haben könnten. Es sind nur völkerkulturelle Entwicklungen so wie hier „ kunstvoll hierarchisierte Palast-königspalast Architektur", „um Fürsten zentralisierte Organisation", „eine Konzen-tration von Können und Macht", „Quartiere um den Hof herum verteilt", „es ist eine Gesellschaft, in der die politischen Rechte vom Besitz und Familienzugehörigkeit abhängen", „ man baut isoliert und autonom", „regelmässiges Raster von Strassen", „die

Anlage römischer Militärkolonien als machtvolles Instrument der Romanisierung", „das hauptsächliche Wohngebiet mit einer Mauer zu umgeben", „die Klosterarchitektur nimmt ständig wachsensen Raum ein", „ein Kloster hatte eine reichen Schutzherrn, der seine eigenen Mittel investiert und seinen Nutzen aus dem überschüssigen Gewinn zog", „funktionelle Stadt als urbanistisches Verwaltungs-modell", „aus dieser Erfahrung geht die Veröffentlichung der Charta von Athen hervor", „das Leerens der Großstadt entspricht der Schaffung eines stummen Universums, was durch die Machtsymbole unterstrichen wird", usw.

Das sind die innotiver Grundsätze, die im heitigen Siedlungswesen weltweit zu Missentwicklungen beigetragen hat.

Beurteilung heutiger urbaner Prozesse aus der Sicht der Planungspraxis (Fehlentwicklungen im Siedlungssystem)

Die durch den Kapitalismus ausgelösten Fehlentwicklungen haben vor allem in Europa stattgefunden (Beispiel Altstädte)

Gemäß dem Prinzip „Lücke füllen" werden neue Bausteine auf sich selbst bezogen - ohne Rücksichtnahme auf das Ganze - eingefügt.

Demokratie, die ihren Ursprung hat als Gegenpol zur griechischen Mythologie, kann definiert werden als administratives System, welches vereinbar ist mit Kapitalismus und welches versucht, den physiologischen Bedürfnissen der Menschheit gerecht zu werden. Dieses System in Verbindung mit Kapitalismus bringt komplexe soziale Strukturen mit sich. Diese Staatsform war nicht fähig der städtischen Entwicklung neue Impulse zu verleihen. Infolgedessen wurde die zentrale Stadtentwicklung fortgeführt.

Die Siedlungsgebiete in den Städten neigen dazu, sich in Richtung Zentrum zu entwickeln, was als Folge des politischen Systems anzusehen ist.

Im kapitalistischen System, wo Lebenshaltung sich auf wirtschaftliche Werte gründet, sind die Menschen profitorientiert. Die verantwortlichen Manager sind die Krankmacher des Systems, denn sie fördern diese profitorientierte Haltung. So gewinnt in allen Bereichen die Krankheit des Managertums die Oberhand.

Im Zuge der Industrialisierung und der wachsenden Bedeutung für das soziale Leben wurde Stadtplanung komplizierter. Die zentralorientierte Entwicklung der Städte läuft hinaus auf entwickelte Oberstrukturen, mit denen die Infrastrukturen nicht Schritt halten können.

Während sich die Stadt in eine Metropole ausbreitet, kann das Netz der Infrastruktur, das für alle Gebiete bereitgestellt werden muss, nicht angemessen entwickelt oder schliesslich nicht finaziert werden. Man sieht, dass aufgrund unzulänglichkeit infra- struktureller Entwicklung und dem Streben der Kreise zueinander eine unizentrische Struktur im Begriff ist zu entstehen.

Fehlentwicklungen im Siedlungssystem
Beschreibung des Problems

Stadtkerne verschwinden, die reich gewordenen Menschen verlagern sich nach draußen. In den amerikanischen Städten bilden z.b. einzelne Bauelemente die Siedlung, während in Europa organische Verhältnisse vorherrschen, aber auf falschem Fundament. Dies zeigt, daß eine konzeptionelle Linie von der Vergangenheit in die Zukunft fehlt.
Städte existieren in der Realität, an ihrer objektiven Existenz jedoch sind wir am wenigsten interessiert. Einprägsamer ist ihre subjektive Wirklichkeit, wie wir sie erleben, was uns dort geschieht, welche Spuren wir und andere dort hinterlassen.
"Teppiche knüpfen ist keine Kunst, es ist ein Bedarf. Die Gesellschaften, die keine Teppiche knüpfen können und dies nicht wissen, knüpfen aber dennoch ihre Umwelt und ihre Siedlungen flächendeckend wie Teppiche, bis keine frei betretbare Fläche mehr übrig bleibt."
Die Wiedererlangung der Vielseitigkeit der städtischen Dynamik ist ansich nicht negativ. Negativ ist, dass sie durch die Art, in der sie in die Wege geleitet wird, ein Auseinandergehen zwischen Realität und Utopie auslöst. Interpretation der strukturellen Komponenten und der Flucht in unkontrollierbare „Bilder". Die Architektur hat ihre grundlegende Beziehung nicht richtig deffinieren können und die Raumordnung wird völlich ausser Betracht belassen.. Die Nomaden werden zuerst ihre Weideplätze mit Wind, Wasser, Grün suchen, dann wird erst Zeltplätze gesucht.
Der Mensch hat erst nichts. All die Jahre versucht er auf einen bestimmten materia-lien Punkt zu kommen. Bis er ein bestimmtes materielles Niveau bzw. Potential erreicht hat, bewegt er sich im Zentrum wo die Menschen sind, wo was zu machen ist. Danach versucht er sich seine Wünsche zu erfüllen. Dabei entfernt er sich vom Zentrum, von den Menschen und versucht draussen in der Natur für immer seinen Platz zu finden. Mit Hilfe seiner vorher erreichten Mittel und aufgrund technischer Innovationen sowie neuen Möglichkeiten versucht er von aussen seine Geschäfte zu führen. Dadurch bröseln aber die ganzen Stadtstrukturen.
Der ständige Wechsel bringt nur Chaos und Zerstörung.
Stadtkerne verschwinden, die reich gewordenen Menschen verlagern sich nach draussen. Dies zeigt, dass eine konzeptionelle Linie von der Vergangenheit in die Zukunft fehlt.
Besonders mit der Einführung und Anfang des Kapitalismus ist Europa völlig neue konzeptionelle Wege in der Strukturellen Entwicklung gehen müssen. Städte existieren in der Realität, an ihrer objektiven Existenz jedoch sind wir am wenigsten interessiert. Einprägsamer ist ihre subjektive Wirklichkeit, wie wir sie erleben, was uns dort geschieht, welche Spuren wir und andere dort hinterlassen.
Gewöhnung, Gewohnheit kann sich bei derart rasanten Entwicklungen weder bei permanenter Änderung noch bei Entleerung einstellen. Damit entschwindet bei den Bürgern dieser Städte Sicherheit, Beständigkeit, Schutz. Die Identifikation mit der Stadt, die seelische Einverbleibung kann nicht mehr stattfinden. Es fehlen Symbole, es bilden sich keine Legenden. Bindungen können nicht mehr entstehen.

Fehlentwicklungen in Großstädten

Der Verkehr lähmt die Städte und ist sich zu einem bedeutenden Wirtschafthindernis-Zeitverluste unlösbare Propleme entwickelt.

Beispiele:

Bangkok,- die Suburbanisierung in Bangkok fortgeschritten, Peripherie vom Zentrum losgelöst hat und eigenes Dasein fristet.

Detroit,- die Stadt des Konsums verschlingt sich am Ende selber

Kuala Lumpur,- die Eingeführte "New Economic Policy" führte zur Zerstörung historischer Substanz oder Umwidmung.

Madrid,- die Stadterweiterung stellt Patio-Block-Typologie, die aus heutiger Sicht, keine Rechtfertigung der Stadtentwicklung rechtfertigt.

Johannesburg,- es ist schwierig, die Stadt zu empfinden. Hier herrscht kriminalität. Es gibt nicht die besonderen Orte oder Gebäude. Zu schnell ändern sich die Orte

Rio de Janeiro,- eine wuchernde 10 Millionen Metropol, im Verheker erstickende Megasatdt, Elendsviertel,Drogen, Gewalt,

Hongkong, -massive Umweltzerstörung, Degradierung des Stadtraumes und Privatiesierung des Freizeitraumes charakterisieren die Metropole

Istanbul,- wie alle anderen Metropolen auch bleibt von den Land-Stadt Wanderun-gen nicht verschont. Jedes Jahr kommen ca. 200.000 Menschen in die Städte der Marmara Region.

Hauptgründe für Fehlentwicklungen:
1. Eine weltweite Entwicklung ohne Inhalte und Raumleitlinien
2. Siedlungswesen wird immer noch als Architektur und Kunst betrachtet
3. Technische Entwicklungen werden überall gleich geführt, die ortspezifische Entwicklung hat keinen Vorrang.
4. Flächenhafter Verbrauch in großen Dimensionen.
5. Siedlungswesen ist ein Hauptgeschäft des menschlichen Treibens.
6. Es herrschen immer noch Familienclan - mäßige Verhältnisse im Siedlungs-wesen.
7. Die Menschen sind von der Lebensart und System her profitorientiert erzogen.
8. Die technische Entwicklung in großen Mengen führte zu einer verstärkten Mobilität der Menschenmassen.

Abb. 13: Verfall der Innenstadt von Detroit (Stadt Bauwelt, Heft 36, 86. Jg., 1995)

Abb. 14: Innenstadt von Detroit als Geisterwelt (Stadt Bauwelt, Heft 36, 86. Jg., 1995)

Urbane Siedlunginnovationen

9. Auswanderungen, Einwanderungen...10. Die personenbezogenen, fehlerhaften Managementbestimmungen beschleunigen diese Prozesse.

Abb. 15: Stadterweiterung Madrid Süd, Errichtung eines Stadtquartiers von 1987 bis 1994 mit ca. 7.000 Wohneinheiten

Abb.16: Hauptbahnhof in Johannesburg (Stadt Bauwelt, Heft 12, 88. Jg., 1997)

Abb. 17: Downtown Johannesburg - Schema (Stadt Bauwelt, Heft 12, 88. Jg., 1997)

Abb. 18: Downtown Johannesburg - Luftbild

Abb. 19: Baustellen in Kuala Lumpur (Stadt Bauwelt, Heft 48, 87. Jg., 1996)

Abb. 20: Skyline von Kuala Lumpur (Stadt Bauwelt, Heft 48, 87Jg.,1996)

Urbane Siedlunginnovationen

Abb. 21: Straßenraster von
Copacabana
(Stadt Bauwelt, Heft 24, 88. Jg., 1997)

Abb. 22: Favela in Rio de Janeiro
(Stadt Bauwelt, Heft 24, 88. Jg., 1997)

Abb. 23: Hongkong Ende der 60er Jahre
(Stadt Bauwelt, Heft 24, 88. Jg., 1997)

Abb. 24: Hongkong Mitte der 80er Jahre
(Stadt Bauwelt, Heft 24, 88. Jg., 1997)

Abb. 25: Hongkong Anfang der 70er Jahre
(Stadt Bauwelt, Heft 24, 88. Jg., 1997)

Ansätze einer Neuorientierung . Raumentwicklung in Europa

*(vgl. Europäische Komission; Europa 2000+,Europäische Zusammenarbeit bei der Raumentwicklung EG-Regionalpolitik, Luxemburg 1995)

*Die unter Raumentwicklung in Europa aufgeführten Ansätze und Massnahmen sind Beschlüsse / Empfelungen der Europäischen Kommission,
*Eine wesentliche Aufgabe der Union (laut Maastrichter Vertrag) ist „ein beständiges, nicht-inflationäres und umweltverträgliches Wachstum...." zu erreichen.Um dieses Ziel zu erreichen, müssen Umweltaspekte auch in andere Politikbereiche integriert werden.

Um die Integration diversifizierter und wettbewerbfähiger Räume in einem intrnational wettbewerbsfähigen europäischenRaum sicherzustellen sind nach Ansicht der Europäischen Kommision verschiedene Ansätze zu verfolgen:
*Steigerung der Wirkungen transeuropäischer Verkehrs- und Energienetze, *Organisation der Informationsgesellschaft: Telekommunikationsnetze sind ein mögliches Mittel, um die Gefahren verstärkter Konzentration um die großen Entscheidungszentren herum zu vermeiden. Abgelegene oder periphere Regionen sollen nicht benachteiligt werden.
*Förderung der Entwicklung mittelgrosser Städte und der Netze kleiner und mittlerer Städte als Organisation- und Dienst-leistungszentren der Regionen. * Sicherung der Entwicklung qualitativ hochwertiger Bildungs- und Ausbildungsmöglichkeiten in der gesamten Union:

Das Leitbild Städtenetze - Neuorientierung in der Praxis?

Das Leitbild der Städtenetze wurde als Weg einer interkommunalen Kooperation, die prozess-, projekt- und umweltorientiert ist, konzipiert. In der Internationalen Konkurenz mit den Metropolen werden immer mehr Städte Schwierigkeiten haben, überhaupt „wahrgenommen zu werden. Städtenetze sollen Kooperationen und lokale Selbstverantwortung mit vereinten Kapazitäten verbinden. Nun ist aber hier unvermeidlich sehr grossere Regionalegebiete und Flächen automatisch verbraucht.

Im Praxis heute; Flächen für Strassen- und Schienenverkehr bedürfen durch getrennte Ausführungen voneinander doppelter Flächen (im Gegensatz zur Bündelung der Infrastruktur-elemente); hinzu kommen sonstige Grundleitungen wie Erdgas, Stadtgas und Telekommunikation. Diese werden ebenfalls alle getrennt ausgeführt. Dies bedeutet eine schlechte Ausnutzung für die Gesamtheit und viel Flächenverbrauch.

Zusammenfassande Beurteilung zur Raumentwicklung in Europa

In der textlichen Untersuchung wird versucht auf europäischer Ebene einen sogenannten Ansatz einer Neuorientierung von Seiten de Eu (Europäische Union) als Beispiel und Maßnahmenkatalog aufzuzeigen. Hier wird im wesentlichen
versucht, eine nachhaltige Entwicklung durch eine Raumentwicklung zu definieren und zugleich auch ein behutsamer Umgang mit den natürlichen Ressourcen. Es ist Widerspruch, eine Raumordnung für das Bauen-Verbauen- zu machen und zugleich ein behutsamer Umgang mit den natürlichen Ressourcen, daß heißt weiter verbrauchen.

Raumordnung heißt Raumleitlinien, um den bestehenden Raum unverbraucht zu erhalten. Man muss fähig sein, die Inhalte über die Personen hinaus aufbauen zu können. Auf europäischer Ebene wird versucht mit mehreren Vertägen (zB. Maastricht Vertrag) die Aufgaben zu definieren und Inhalte zu geben, Normen und Bestim-mungen, die nicht unbedingt positiv der Sache dienen, nach dem die Europa so dicht verbaut ist. Betrachttet man all die Entwicklungen in der Gegenwart, so sieht man im Vorder- grund eine **Vernetzungsphilosophie, die sogenannte Spinnennetze**. Sie zeigen die Entwicklung von einer Kernstadt zur Umlandstadt, zur Städtevernetzung und zur Europavernetzung. Vernetzung wird als **Grundlage einer Zentralentwicklung** gesehen. Dadurch wird Europa durch Föderalismus in Fürstentümer geteilt und **umgewandelt in neue Herrscherclans. Es ist hier festzustellen, dass sich die Geschichte immer auf's neue wiederholt.**

Dies kann man nur vermeiden ;

a- ordnen heißt nicht bestimen, b- Leitlinien nur für die Ewigkeit, c- Betrachtung nicht momentan, sondern versuchen vor und nach einer längeren Zeitlinie bewuster wahrzunehmen. d- zugleich örtlich und überörtlich denken und handeln, e- wissentlich immer fördernd und aufbauend sein.

Die Entwicklungen auf europäischer Ebene sind in Wahrheit weltweit nicht vorbildlich, werden aber so angenommen und ausgeführt, noch dazu die Deutschen Wissenschaftler und Entellektuellen neigen sich sogenannte Leitkultur !! weltweit einfluss aufzunehmen, diese die gar nicht haben. Es fehlt hier an Zusammen-schlüssen, um gemeinsam agieren zu können. Es ist höchste Zeit, die Leitlinien in dieser Richtung zu schaffen. Die Arbeitsgruppen / Gremien dürfen nicht in Europa entstehen, sich von der gesamten Welt zu isolieren. Die Europäische Union muss ihre Grenzen und Fähigkeiten in die ganze Welt ausdehnen. Aber nicht zum ausnutzen und Kolonien zu beherrschen.!!

Man muss fähig sein, die Inhalte über die Personen und Regionen hinaus aufbauen zu können.

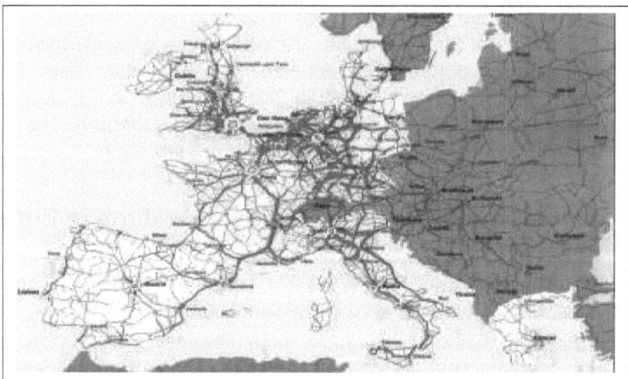

Abb. 26: Europäische Union - Ströme und Überlastung im Straßennetz (Europ. Kommission, Europa 2000+, Europ. Zusammenarbeit bei der Raumentwicklung 1995)

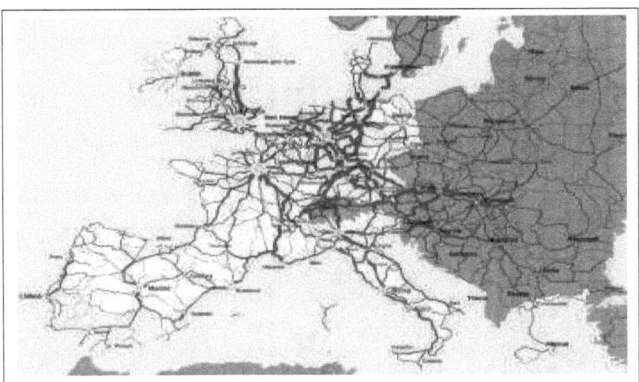

Abb. 27 Europäische Union - Ströme und Überlastung im Eisenbahnnetz (Europ. Kommission, Europa 2000+, Europ. Zusammenarbeit bei der Raumentwicklung 1995)

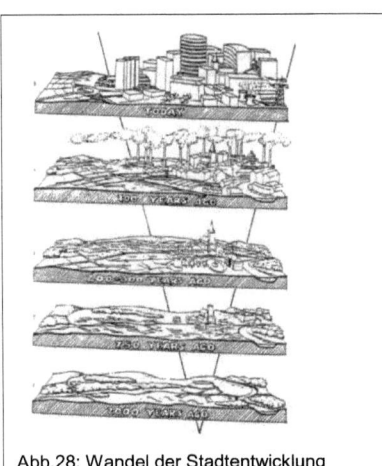

Abb.29: Städtedreieck Frankfurt-Darmstadt-Mainz (Sieverts, T., Hrsg.: Zukunftsaufgaben der Stadtplanung, Düsseldorf 1990)

Abb.28: Wandel der Stadtentwicklung (Sieverts, T., Hrsg.: Zukunftsaufgaben der Stadtplanung, Düsseldorf 1990)

Regional - Metropol totaler Flächenverbrauch

Diese Abbild aus einer Studie von der Universität Oxford, zeigt zentrale Stadtplanung und ihre Entwicklung während der vergangenen 3000 Jahre.

Urbane Siedlunginnovationen

Abb.30: Städtenetze in Deutschland
(Raumordnungspolitischer Handlungsrahmen,
Bundesministerium für Raumordnung, Bauwesen und
Städtebau. Bonn 1995)
Städte und Regionen vernetzung in Deutschland-totaler Flächenverbrauch

Berlin nach der Wende – Beispiel einer Neuorientierung ?

Mit den einschneidenden Veränderungen in Europa, die den fall der Mauer begleitet haben, hat Berlin die ungeahnte Chance bekommen, all seine Vitalität, Kreavität und attraktivität für den Aufbruch der Stadt ins nächste Jahrtausend einzusetzen. Berlin schickt sich an, zum spannendesten und wichtigsten Ort zwieschen Paris und Moskau zu werden. Dafür spricht der gewaltige Erneuerungsbedarf, den die Stadt in verhältnismäßig kurzer Zeit zu bewelltigen hat, inder Stadtentwicklung gleichermaßen wie in der Umweltplanung.

Das städtebauliche Grundproplem Berlins ist der Mangel an Stadtzusammenhang. Die Stadt wuchs als Stadt aus Dörfern, und das ist Berlin bis heute geblieben. Die Stadt hat zu viele Fläche und wuchs indie Breite kleinstteiliger Zersiedlung auseinandergeflossen. **Diese Flächenausdehnung hat hier eine unkontrollierten gewaltigen Flächenverbrauch veranlasst.** Man sollte diese unkontrollierten Großefläche überwiegend in die Natur zurück zu geben und nur in bestimmten Bereich zukunftfähige Strukturen schaffen. Statt dessen hat man gesamte Siedlungsfläche verdichtet und übliche Zentral Orte sich konsentriert geplant und die gesamten Peripherie auch verbaut und versteinert.

Die Stadterweiterungen antworten nicht auf die Frage, wir die Stadt entwickelt werden soll, sondern sie antworten auf akuten politischen Druck. Die Beseitigung des Wohnungsmangels wird zur politischen Bewährungsprobe.

Der größere Teil der Planungen geht so vor, als handelte es sich bloß darum, eine gegebene Fläche graphisch überzeugend mit einem Blockraster zu bedeken.

Urbane Siedlunginnovationen

Abb.31: Urbanisierte Fläche, Luftbild von Berlin
(Umweltstrategien für Berlin, Senatsverwaltung
für Stadtentwicklung und Umweltschutz, 1995)

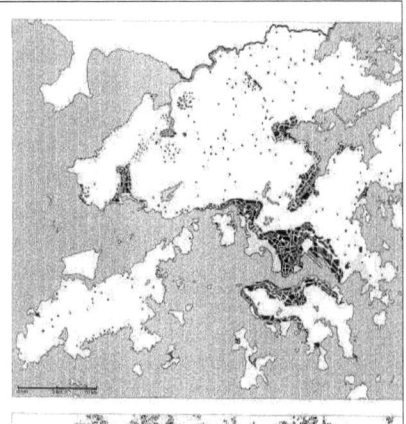

Abb.32: Hoher Flächenverbrauch
(Berlin, Die Stadt, Partner für Berlin -
Gesellschaft für Hauptstadt-Marketing mbH,

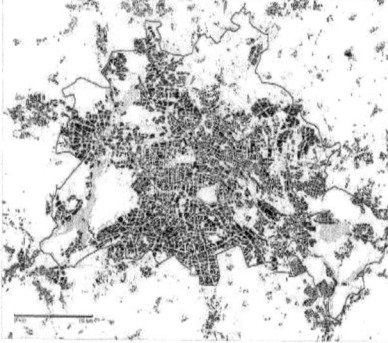

Abb.33: Flächennutzungsverhältnisse
zwischen Hongkong (oben) und Berlin (unten)
(Stadt Bauwelt, Heft 36, 88. Jg., 1997)

Wie man hier als Flächenverbrauch im Abb.32 dargestellt, zwischen Berlin und Hongkong vergleicht, sieht man wie gewaltig in Berlin Flächenverbrauch entstanden ist.

Raumordnung in Deutschland als Beispiel

In der Raumplanung mehrt sich die Kritik an den vermeintlich starren, unflexiblen Zentrale-Orte-Modellen. Zentrale-Orte-Konzept als weitgehend unwirksam zur Steuerung der allgemeinen Siedlungsentwicklung.

Der ungeordneten Raum zeigt uns erst, so wie er sich ohne vorsorgende Planung entwickelt und zweitens den „geordneten Raum gemäß den Vorgaben des Zentrale Orte Prinzips, welches in der Raumordnung iDeutschland lange Zeit als die ideale Lösung angesehen wurde,. Heute jedoch das Zentrale-Orte-Prinzip aufgrund geänderter Rahmenbedingungen, erneut in der Diskussion.

Das Zentrale-Orte-Konzept hat sich weitgehend als unwirksam zur Steuerung der allgemeinen Siedlungsentwicklung erwiesen, Spezial zur vermeidung des weiteren dispersen Siedlungswachtums.

Überlegungen zu gerechten Siedlungen

Ist ein metropolitaner Raum als Siedlung notwendig bzw. gerechtfertigt ?

Vermeidung der Entstehung eines metropolitanen Raumes, Siedlungen nicht nur technisch gesehen als Häuser und Gebäude, sondern als Abschlussergebnis, wichtigste Entstehungsdaten als Folge. Die Antwort auf die Frage, ob ein metropolitaner Raum als Siedlung notwendig oder gerechtfertigt, lautet NEIN.

Die Siedlungen werden nach den Bedürfnissen des Menschen, als Zweckerfüllung geplant. Sie dürfen den Menschen in seiner Entwicklung und seinen Grund-bedürfnissen nicht vehindern, sondern ihn im Gegenteil positiv beeinflussen.

Metropolen haben zentrale Entwicklungsverhältnisse, die langfristig nicht verändernbar sind. Dadurch kann die Antwort auf die Frage nur Nein lauten. Eine weitere Entwicklung in dieser Richtung ist nicht gerechtfertigt.

Zeitbegriffe sind grundlegend, ja bestimmend für Veränderbarkeit. Sowohl menschliche Entwicklun gen, als auch Siedlungsentwicklungen müssen sich der zeitlichen Veränderbarkeit anpassen. Aus diesem Grunde dürfen Siedlungen nicht statisch geplant sein. Ein grundlegendes Element als Basis und rundherum Veränderbarkeit sind die ideale Entwicklung und nicht „nehmen und einfügen" in zentrale Orientierung. Wenn Häuser und Gebäude nur aus technischer Hinsicht entwickelt werden, so ist ein Abschlussergäbnis sichtbar, welches sehr schnell zugrunde gehen kann. Die wichtigsten Entstehungsdaten lassen sich hier nicht nachvollziehen. Es ist ein Block, der undefinierbar bleibt.

Was heißt Siedlung für den Menschen ? Siedlungen für den Menschen bedeuten sein ganzes Leben

Voraussätzungen, die zu gerechten Siedlungen führen, eine wichtige Voraussetzung für gerechte Siedlungen ist die Einleitung einer sinnvollen Entwicklung. Siedlungs-entwicklungen dürfen nicht sperrig, nach den Bedürfnissen von bestimmten Mächten sein, sondern nach den vielseitigen Verhältnisen definiert. Entscheidend ist die Raum-Ordnung für die Siedlungen. Raumordnung bedeutet, dass die Welt ihre Raum-Ordnung hat . Siedlungsentwicklungen müssen in diese Raum-Ordnung hineinpassen.

Eine Fehlentwicklung wäre, wenn man eine Raumordnung für das Siedlungswesen bestimmend machen würde.

1.Raumordnung, 2.Lokalpolitik und NGO (nicht Regierungsorganisationen), 3. Wirtschaftmacht, 4.Wissenschaft, ausführende Kraft als Vierekette sind die Voraussetzungen für gerechte Siedlungen.

Die vier Elemente ; Raumordnung, Lokalpolitik, Wirtschaftmacht, Wissenschaft müssen in Zukunft zusammen arbeiten und gemeinsam die Richtungen für ent-sprechende Lösungen aufzeigen.

Es kann nicht sein, dass zB.gemäß den Wünschen und Ausnutzungen einer Wirtschaftmacht die Entwicklung bestimmt wird. Die Zusammenarbeit dieser Viererkette ist die Zukunft.

Eine zukunftfähige Entwicklung der menschlichen Siedlungen ist nur möglich, wenn die Selbständigkeit aller Beteiligten gewährleistet wird. Dabei steht Dynamik stets im Vordergrund. Als Lösung gilt hier die axiale Entwicklung, alle tragenden Kräfte in einem Bündel vereinend, womöglich grenzüberschreitend, dynamische Impulse gebend und eine ständige Veränderbarkeit gewährleistet.

Axiale Entwicklung von Megastädten

Axiale Entwicklung (Infrastrukturachsen) von Megastädten als Modell und Grundidee einer zukunftsfähigen Siedlungsentwicklung. Die Siedlungen bedeuten des Menschen ihr ganzes Leben.

Auf der Basis einer dynamischen Infrastrukturachse können sich neue soziale Lebensformen als Alternative zur problematischen Entwicklung der Städte entfalten.

Diese Achse wird hauptsächlich der Träger struktureller Bereiche sein.

Menschen in Wohn- und Gewerbezentren, die von der Hauptachse abhängig sind, werden gleichermaßen versorgt.

Somit wird es den Menschen möglich sein am Ganzen teilzuhaben.

Funktionen, die von der Infrastrukturachse übernommen werden, sind: Personentransport,Transport von Gütern (Verzicht auf Autobahnen),Produktion und Verteilung von Energie (z.B. Solarenergie),Infrastruktur (z.B. Systeme der Wasserreinigung und -reinhaltung),Kommunikation. Beispiel Magnetschwebebahn / Schnellzüge.

Gemäß der geographischen Struktur sind vorrangig festzulegen, freibleibende Bereiche, Wasserreservoirs, und Naturschutzgebiete –Seen und Wälder. Nach Planung und Realisierung der Achse werden die verschiedenen Bereiche für Wohn-, Kultur-, Erholungs-, und Industriezwecke festgelegt und umgesetzt. Entwicklungseinheiten (Blöcke und Gebäude) sollten niemals die Basis für eine Neuordnung der Umgebung sein. Die natürliche Umwelt und die Gestaltung von Freiräumen sollten Vorrang gegenüber der gebauten Umwelt haben.

Damit diese System optimal funktionieren kann, sollte diese Infrastrukturachse min. breite 1000 m und sich min.auf eine Länge von 150 – 500 km und mehr erstrecken, wobei sowohl die regionale als auch grenzüberschreitend die globale Ebene (Kontinantale Achsen) angesprochen wird.

Diese Achse wird unentwickelte Gebiete durchqueren, tangential existierende Siedlungsgebiete berühren und Naturrisiken werden leichter aufgenommen. Spekulationen werden vermieden, da Investitionen einzelner Privatpersonen und Firmen keinen Vorrang haben.

Die Tatsache, dass die meisten Städte in der Welt zentralorientierte Siedlungsformen haben und ihre Infrastruktur dazu neigt, sich im Zentrum zu konzentrieren, um sich dann in periphere Bereiche auszudehnen, macht das Proplem der Zusam-menballung unüberwindbar. Dieses Proplem wird durch Aufreihen der Funktionen entlang linearer Achsen und Schonung von Naturschutzgebieten und historischer städtischer Formen gelöst werden. Als Ergebnis wird daraus ein direkteres und offeneres System entstehen.

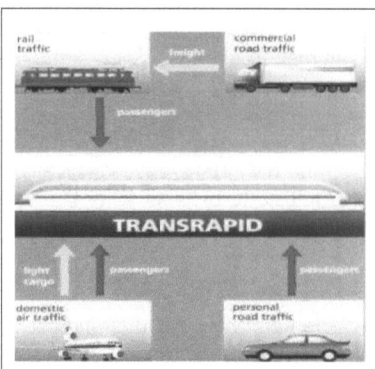

Abb.34: Verkehrssystem in der Infrastrukturachse (Broschüre Transrapid International: Transrapid, the new Dimension in Transportation Technology)

Abb.35: Räumliche Transportmöglichkeiten der Gegenwart (Broschüre: Einsatzfelder neuer Schnellbahnsysteme, MVP Versuchs- u. Planungsgesellschaft für Magnetbahnsysteme mbH, 1991

Flächenbedarf und Energieverbrauch des Transrapid

In diesem System kann die Last der Industrialisierung und Zerstörung bestehender städtischer Formen umgekehrt werden, wird es möglich sein, die bestehenden städtischenStrukturen zu sanieren, die dann ihrem natürlichen Weg folgen werden. Es wird eine direkte Kommunikation zwischen den Menschen stattfinden. Die statische Situation, als Ergebnis der Konzentration im Zentrum, wird einer Dynamischen weichen. Zugleich werden physische, kulturelle und intellektuelle Wechselwirkungen unter den Menschen offener und klarer sein müssen. Die Idee, auf dem Begriff einer Achse beruht, soll Dienste bereitstellen, die die Erfüllung individueller und sozialer Bedürfnisse ermöglichen.

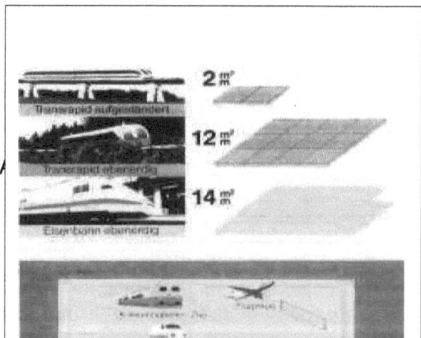

Abb. 36: Flächenbedarf und Energieverbrauch des Transrapid (Broschüre: Magnetfahrtechnik, Magnetschnellbahn Transrapid, Thyssen Industrie AG)

Als Ergebnis entsteht ein autonomes System, welches- **so wie in der Natur sich immer wieder selbst erneuert** -fähig ist, sich zu entwickeln und zu regenerieren.
Diese Achse, angeordnet in Städte, Regionen und Länder, wird die Regionalplanung überflüssig machen. Etnische und likale Propleme, welche die Entwicklung hemmen, werden regional und national ausgemrzt sein.

Nach Planung und Realisierung der Achse werden die verschiedenen Bereiche für Wohn-, Kultur-, Erholungs- und Industriezwecke festgelegt und umgesetzt.
Entwicklungseinheiten (Blöcke und Gebäude) sollten niemals die Basis für eine Neuordnung der Umgebung sein. Die natürliche Umwelt und die Gestaltung von Freiräumen sollten Vorrang gegenüber der gebauten Umwelt haben.

Für optimale Funktion sollte diese Infrastrukturachse eine Breite von 500 -1000 m erreichen und sich auf eine Länge von 150-500 km oder mehr erstrecken, wobei sowohl die regionale als auch grenzüberschreitend die globale Ebene angesprochen wird.

Die Achse wird unentwickelte Gebiete durchqueren, tangential existierende Siedlungsgebiete-berühren:
Naturrisiken werden leichter aufgenommen,Spekulationen werden vermieden, da Investitionen einzelner Privatpersonen und Firmen keinen Vorrang haben.
.
Als Ergebnis entsteht ein autonomes System, welches - so wie die Natur sich immer wieder selbst erneuert - fähig ist, sich zu entwickeln und zu regenerieren.
Diese Achse - angeordnet in Städte, Regionen und Länder, wird die Regionalplanung überflüssig machen. Ethnische und lokale Probleme, welche die Entwicklung hemmen, werden regional und national ausgemerzt sein.

Teil II
INNOVATIVE KONZEPTE IM URBANEN RAUM

A - Istanbul – Marmara Konzept

(Axiale Neuordnung eines metropolitanen Chaos)
-Entwicklung Istanbuls als metropolitaner Raum
-Historische Flächenentwicklung von Istanbul
-Heutige Entwicklung der Stadt Istanbul laut Flächennutzungs- und Bauleitplanung
vom Februar 1994 und März 1995
-Fehlentwicklungen der Marmara - Region - Istanbul, die auf die Landesebene zurückzuführen sind (Zentralpolitik als Veranlasser, fehlende Lokalpolitik)
-Axiale Neuordnung als Auflösung in metropolitanen Gebieten in einzeln
funktionierende Gruppen auf einer Achse (Achse ist gemeinsame Entwicklungs- basis, tragende Kraft)
-Zusammenfassende Beurteilung zu Istanbul – Marmara Konzept

B - Mäander Städte – Ägäis Konzept

-Mäanderkonzept
-Entwicklung des Kulturraums im Mäandertal Denizli - Selcuk
-Heutige Entwicklung im Mäandertal Denizli - Selcuk
-Definition der Achse und der Neuentwicklung

C - Stadthügel Wien - Westbahnhof

(Neue Stadtqualität durch Sustainable City Implentation)
-Wiener Westbahnhof als Freifläche in einer zentral entwickelten Stadt / Siedlung
-Neues Entwicklungs- und Nutzungskonzept für das Bahnhofsgelände
-Bahnhöfe in bestehenden zentralentwickelten Städten in der Zukunft am Beispiel der Stadt Wien (Wie kann man zentralentwickelte Städte in eine axiale Entwicklung auflösen?)
-Stadt Wien als Beispiel eines europäischen zentralentwickelten Stadtbildes, geteilt wie viele anderen Großstädte auch durch einen Fluss
-Projekteinheit Stadthügel Wien - Westbahnhof inmitten eines von Blockbebauung geprägten Stadtbildes (Frage: Wie weit ist dies implantationsfähig ?)

D - Raumleitlinien zur Nachhaltigkeit im Münchener Norden

-Millennium Bogen – Achse Münchner Norden
-Ausgangslage
-Ausblick über zukünftige Entwicklungen in der Infrastrukturachse
-Ziel und Vorgehensweise
-Zusammenfassende Beurteilung und Schlussfolgerungen für neue Ansätze

A - Istanbul – Marmara Konzept

Entwicklung Istanbuls als metropolitaner Raum

Istanbul (griechisch 'is tin polin' = in die Stadt), die in der Antike Byzantion (Byzanz) später Nova Roma bzw. Constantinopolis (Konstantinopel) und schließlich Istanbul (Stambul) genannte und am Bosporus, der Nahtstelle zwischen Europa und Asien, gelegene Stadt war Machtzentrum des Römischen, des Byzantinischen und des Osmanischen Weltreiches. Jede dieser drei Glanzperioden der Geschichte haben Spuren hinterlassen, denen man in Istanbul bis heute noch begegnet.

Dank seiner Lage am Schnittpunkt des Seeweges vom Mittelmeer ins Schwarze Meer und des Landweges von Südosteuropa nach Vorderasien und dank dem Vorhandensein eines vorzüglichen Naturhafens (Goldenes Horn) konnte sich Istanbul frühzeitig zu einer Handelsmetropole ersten Ranges entwickeln.

Trotz des Verlustes der Hauptstadtfunktion 1923 (jetzt nur noch Provinzhauptstadt) hat Istanbul kaum an Bedeutung eingebüßt. Die Stadt ist bis heute wichtigster Seehafen sowie Hauptwirtschafts- und Handelszentrum der Türkei. Die wichtigsten

Industriezweige der Stadt sind Schiffbau, Bekleidungs-, Nahrungs- und Genussmittelindustrie. Istanbul ist auch Eisenbahnknotenpunkt für verschiedene internationale Bahnstrecken, die Europa mit Asien verbinden.

Historische Flächenentwicklung von Istanbul

Istanbul ist über 2500 Jahre alt und damit eine der ältesten am Leben gebliebenen Städte überhaupt.
Im Jahre 1950 betrug der Abstand zwischen dem Stadtzentrum und dem Stadtrand nicht mehr als 30 km. 70% der Bevölkerung lebte in einem 5 km Umkreis vom Stadtzentrum entfernt. In den folgenden Jahren dieses Jahrzehnts konzentrierten sich die Investitionen in Industrie und Dienstleistungen auf Istanbul.
Somit wird die Stadt zum Magnetpunkt von Massenzuströmen infolge der Abwanderung aus dem ländlichen Raum, verbunden mit einem rapiden Wachstum am Goldenen Horn.
Den erst wenigen Häusern folgten aufgrund einer zunehmenden Bevölkerungsmobilität illegal gebauter Häuser am Rande der Stadt, meist in der Nähe der Industriegebiete viele weitere, so daß sich in kurzer Zeit riesige Siedlungsgebiete ausbreiteten.
Ende der 50er Jahre bildeten die Migranten aus dem ländlichen Raum 1/3 der Gesamtbevölkerung Istanbuls.

Heutige Entwicklung der Stadt Istanbul laut Flächennutzungs- und Bauleitplanung vom Februar 1994 und März 1995

Die heutige Entwicklung der Stadt Istanbul, wie sie im Flächennutzungs- und Bauleitplan vom Februar 1994 und März 1995 von der Stadt selber vorgesehen ist, wird detailgetreu im Anhang dieser Arbeit in türkischer Sprache aufgeführt (Siehe Langfassung der Dissertation!).
Wenn eine dritte Brücke nördlich am Bosporus entstehen sollte,so würde dieser gesamte Bereich automatisch zu einem Siedlungsgebiet. Es ist jedeoch zwingend notwendig, diese nördlichen Bereiche als grüne Lunge und als Wasserreservoir zu erhalten
Das südliche Gebiet von zweite Brücke wäre für die Großstadt Istanbul als Kultur und Finanzzentrum ca. 8 bis 10 Mio. Einwohner ausreichend.

Abb.37: Masterplan Istanbul 1994/1995 (Flächennutzungsplan 1995, Stadtplanungsamt Istanbul)

Eine Neuordnung Istanbul als Siedlung könnte in zwei Schritten erfolgen :
1. **Renovierung und Sanierung der Altstadt Istanbuls, als Kern**
2. **Ausserhalb der Altstadt Rückführung in eine Infrastrukturachse, zwischen Edirne und Adapazari**

Fehlentwicklungen von Marmara - Region – Istanbul, die auf die Landesebene zurückzuführen sind

(Zentralpolitik als Veran-lasser,fehlende Lokalpoli-tik) Folgende Karte zeigt die Unterteilung in ver-schiedene Entwicklungszentren auf Landesebene. Mehrere Provinzstädte sind zu einem zentralen Entwicklungsgebiet nach westlicher-europäischer Orientierung, zB. Zentral-Örtliches Prinzip, zusammengepasst.

Dei Raumordnungsbestimmungen nach westlichem Muster, einschliesslich der Zentralpolitik

Abb.38: Übersicht der Entwicklungszentren auf Landesebene

der Regierung, sowie eine fehlende Lokalpolitik führen zu massiven Fehlentwicklungen, wie zB. die Ballungsräume. Ein Übergewicht an Ballungsräumen kann die Marmara- Region und Istanbul jedoch nicht vertragen. Ein Kollaps wäre zu die Folge. Als entscheidende Lösung erscheint hier die axiale, dynamische Entwicklung, so wie sie in dieser Arbeit deffiniert ist.

Das Stadtgebiet Istanbul liegt zwischen der Marmara- und Schwarzmeerküste, wobei der Bosporus eine Verbindung zwischen den beiden großen Wasserflächen darstellt. Östlich des Bosporus zieht sich die Landmasse weiter nach Asien.

Es darf nicht sein, daß weiterhin auf beiden Seiten entlang des Bosporus immer neue Siedlungsgebiete erschlossen werden. Die Siedlungsgebiete müssen südlich der heutigen zweiten Bosporus Brücke und der Autobahnführung, zwischen Silivri im Westen und Gebze im Osten bleiben, da dieses ganze Gebiet erdbebengefährdet ist. Die Bauverhältnisse müssen auch dementsprechend den Erdbebenverhältnissen neu angepaßt werden.

Wenn eine dritte Brücke nördlich am Bosporus entstehen sollte, so würde dieser gesamte Bereich automatisch zu einem Siedlungsgebiet. Es ist jedoch zwingend notwendig, diese nördlichen Bereiche als grüne Lunge und als Wasserreservoir zu erhalten

Das südliche Siedlungsgebiet wäre für die Großstadt Istanbul ausreichend.

Eine Neuordnung könnte in zwei Schritten erfolgen:
1. Renovierung und Sanierung der Altstadt Istanbuls, als Kern
2. Außerhalb der Altstadt Rückführung in eine Infrastrukturachse.

Axiale Neuordnung als Auflösung in metropolitanen Gebieten in einzeln funktionierende Gruppen auf einer Achse
Achse ist gemeinsame Entwicklungsbasis, tragende Kraft

Aufgrund ihrer geographischen Besonderheiten kann die Stadt Istanbul ihr zentrales Stadtgebiet nicht in konzentrischen Kreisen entwickeln. Deshalb entwickelt die Stadt sich in Richtung ihrer benachbarten städtischen Siedlungen. Zunächst entstand der 1. Erschließungsring, später setzte der 2. Erschließungsring die einmal begonnene Entwicklung fort. Wie auch immer - die räumliche Entwicklung von Istanbul muß an diesem Punkt begrenzt werden. Die Meerenge auf der anderen Seite sollte als Naturschutzgebiet ausgewiesen werden.

Die für Istanbul vorge schla-gene Infrastrukturachse soll über eine Länge von 386 km zwischen den Städten Ada-pazari und Edirne verlaufen. Bevor diese Achse ausgeführt wird, sollten Flächen für Natur-schutzgebiete und Erholungs-gebiete spezi-fiziert werden und erst später die Flächen für die Entwicklung aus-gewiesen werden.

Abb.39: Beispiele axialer Neuordnung als Lebensraum auf Landesebene (Koca 2000)

Siedlungsentwicklungsach-sen, Infrastrukturachsen
LIFE TREE TURKEY auf 2 west-ost Achsen verteilt. Im mittleren Bereich so wie nördlich von Taurusgebirge zwischen Burdur und Maras kann und soll neue Siliconvalley entstehen.

Dieses Projekt, das durch eine Gruppe, bestehend aus Repräsentanten der angewan-dten Wissenschaften, über-wacht und gesteuert werden muß, kann die Streuung einer Bevölkerung von 10 Mio. im Zentrumbereicn Istanbul, entlang dieser Achse ermöglichen, wodurch die Bevölkerung in der Innenstadt auf 4. Mio reduziert werden könnte, und zwar auf den Bereich um die historische Halbinsel.

Abb.40: Beispiele axialer Neuordnung als Lebens-raum-Life Tree , zwei Hauptentwicklungsachsen auf Landesebene statt regioanle Teilung(Koca 2000)

Falls die historische Halbinsel neugeordnet wird, werden die Flächen zwischen Topkapi und Topkapisurkapisi vom Vorkohr befreit und Istanbul wird sein eigenes Zentrum entlang dieser Achse bilden.

Istanbul, das auf diese Weise seine historische Form wiedergewonnen hätte, könnte mit dem in ein Naturschutzgebiet verwandelten Bosporus wieder ein internationales Zentrum für Kultur, Verwaltung und Dienstleistung werden.
Die vorgeschlagene axiale Planung ist in folgender Abbildung dargestellt. Die Infrastruktur durchquert den Bosporus. Die Stadt ist von beiden Seiten des Bosporus an die Achse angebunden. Die Abbildung veranschaulicht die Lage der städtischen Achse innerhalb der historischen Halbinsel. Diese Achse bildet gleichzeitig das alte und das neue Zentrum.
Die erste Brücke über den Bosporus soll als interne Brücke bleiben, während die zweite Brücke als Erweiterung für die Infrastrukturachse gesehen wird. Weitere sind nicht notwendig.
Der Anschluss Europas an Asien muß nicht hauptsächlich über Istanbul, sondern kann auch über die Dardanellen geführt werden (siehe Abb.).
Folgende Abbildung zeigt die Neubewertung der Altstadt Istanbuls als Stadtachse. Altes Stadtzentrum soll in diesem Sinne neu aufgebaut werden. Axiale Entwicklung als Antwort auf die Auflösung des Stadtkerns, die bereits eingetreten ist. Der Anschluß dieser Stadtachse an die Infrastrukturachse ist der Grundsatz des zukunftsfähigen Entwicklungskonzeptes. Istanbul ist direkt abhängig von diesem Grundsatzkonzept. Die Verlagerung der Dichte von der Stadt Istanbul auf die Infrastrukturachse, im Sinne der Neuorientierung, ist lebenswichtig.

Zusammenfassende Beurteilung zu Istanbul – Marmara-Konzept

Blickt man zurück auf die Geschichte der Stadt Istanbul und des Marmara Gebietes, so kann man sehen, daß sie als Siedlungsorte für viele unterschiedliche Kulturen gedient haben. Wenn die Stadt und diese Region sich für die Zukunft neue Entwicklungen überlegen müssen, so sollten sie beachten, daß die zeitliche Geschichte nicht einfach besiegt werden kann.
Außerdem liegt die Region, aus geologischer Sicht, auf einer tektonischen Bruchlinie und ist extrem erdbebengefährdet.
Weiterhin hat auch die flächenmäßige Ausdehnung empfindliche Auswirkungen.
Diese drei vorhandenen Tatsachen müssen für eine zukünftige Entwicklung in der Region bestimmend sein. Diese festen Gegebenheiten, vertieft untersucht, sind in die Neuentwicklung als Grundlage aufzunehmen.
Wenn wir die Flächenausdehnung und die geschichtlichen Anschlüsse über die Region hinaus betrachten, so ist hier eine axiale Entwicklung schon von Natur aus gegeben: z.B: die Seidenstraße über die Region hinaus, Ost-West Achse und Istanbul als sogenannter Mittelpunkt zwischen dem Orient und Oxident. An dieser Stelle darf nicht ein „Konzentrationshafen" als Siedlung entstehen.
In der Zukunft wird die Technik immer mehr bestimmen sein. Wenn uns diese Gegebenheiten erst mal bewußt werden, so führt es uns zu einer axialen Neuordnung in dieser Region. Die Rede ist von einer Lebensachse, welche ihre eigene Dynamik mit sich bringt.
Kein Bereich kann und darf versuchen, sich im Vordergrund zu behaupten. Dadurch kann keine überwiegende Macht eines einzigen Bereiches entstehen.
Ziel ist es, daß sich alle beteiligten Bereiche, Gruppen und Elemente mit entsprechendem Gleichgewicht zu einem Gesamtbild zusammenfügen.

Urbane Siedlunginnovationen

Abb.41: Axiale Neuordnung von Istanbul (Koca 2000)

Abb.42: Entwicklung der Altstadt Istanbuls zu einer Stadtachse (Koca 2000, Grundlage: Yildiz Technische Universität, Fakultät Architektur, Abteilung Stadt- u. Regionalplanung, Istanbul)

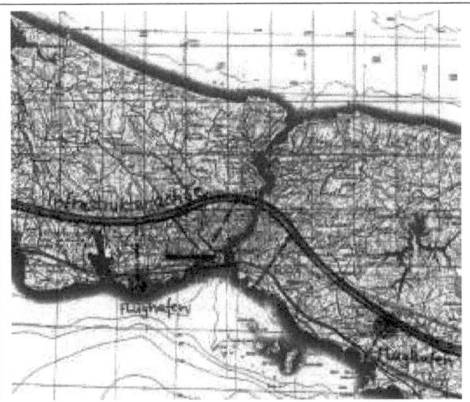

Abb.43: Infrastrukturachse Istanbul (Koca 2000)

Abb.44: Fehlentwicklungen in Instanbul Özel Sayi Atlas, Istanbul 2000)

Abb.45: Fehlentwicklungen in Istanbul (Üc Aylik Dergi, Istanbul, Temmuz 1993)

B - Mäander Städte – Ägäis Konzept (Büyük Menderes)

Mäanderkonzept (Büyük Menderes Konzept)

Einflussbereich des Mäanderflusses im Mäandertal ca. 250 km, von Denizli bis Izmir

Der Begriff "Mäander" bedeutet gewundener Fluß, oder Flußwindungen. Ein mäandrierender Fluß weist in seinem Verlauf viele enge Biegungen auf.

Im Mäandertal von Denizli (Hierapolis) bis Selcuk (Ephesus) wird eine zukunftsfähige, zeitgemäße axiale Entwicklung vorgenommen.

Im gesamten Projektbereich wie auf ganzer Landesebene trifft man überall auf das Bild einer toten Stadt, ohne Leben, weil:

a) es gibt keine Raumleitlinien / Raumordnung für das gesamte Tal,

b) rechtskräftige Bebauungspläne in den Maßstäben 1:5000 und 1:1000 werden nur als Parzellierungspläne von den Vermessungsingenieuren ausgeführt,

c) außerhalb der Bebauungsplangrenzen vorgesehene Entwicklungsflächen (Mücavir alan) sind Spekulations- und Degenerationsgrund,

d) die Baugenossenschaften sind eine blutige Wunde im Siedlungswesen der Türkei Der Mensch bringt durch sein Unwesen, das er treibt, Entwicklungen heraus, die mit der Zeit entsprechend zu disziplinieren sind. Entspricht den "Leiden seines Lebens". Diese Leiden braucht der Mensch um reif zu werden.

Entwicklung des Kulturraumes im Mäandertal Denizli - Selcuk
(Wie kann ein Fluß die Entstehung von Kultur beeinflussen ?)

Das Tal des Büyük Menderes, des griechischen Mäander, gehört zu den fruchtbaren Regionen der Türkei. Die alluviale Ebene, von Denizli bis zur Küste, ist ein reich gepflegtes Landwirtschaftsgebiet mit Feldern, Olivenhainen, Obst- und Weingärten.

Nordöstlich von Denizli fließen die Flüsse Menderes und Lykos (Cürüksu) zusammen. Lykos, das heute ein großes Siedlungsgebiet ist, war früher auch ein sehr reiches Tal.

Auf dieser Mäander Achse liegen im Osten Denizli, Pamukkale, Hierapolis, Laodikia, Colosai; im Westen Milet, Priene, Ephesus. Sie waren alle Hafenstadt, als um 1000 v. Chr. die Griechen in diese Gegend kamen, reichte das Meer noch weiter ins Land, bis an die Stelle, an der jetzt die Stadt Selcuk liegt.

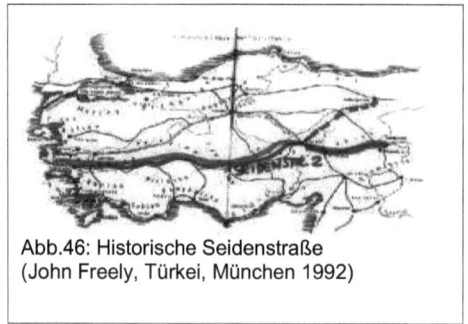

Abb.46: Historische Seidenstraße
(John Freely, Türkei, München 1992)

Abb.47: Antiker Küs-tenverlauf –John Freely,Türkei,München 1992

Der Mäanderfluß war hier Transportweg und zugleich Teil der Seidenstraße, wo die Waren aus dem Tal Denizli nach Westen, über das Meer bis Rom geliefert wurden. An der Ägäischen Küste bis Rom sind im Laufe der Zeit so viele Hafenstädte entstanden. Man kann hier von einer historischen axialen Entwicklung über Wasserwege hinweg sprechen.

Heutige Entwicklung im Mäandertal Denizli – Selcuk

Das Mäandertal muß so, wie es auf diesen Bildern zu sehen ist, erhalten werden – ursprünglich und naturnah - . Wenn das Tal nicht in dieser Form erhalten bleibt, werden wir in kürze nicht mehr solche Sonnenuntergänge erleben.

Betrachtet man die Abbildung so stellt sich folgende Frage: Kann dies eine lebenswerte Stadt sein ? Es ist eine schwere Geburt. Die Abbildung verdeutlicht das Bild einer toten Stadt, ohne Leben, weil:

es gibt keine Raumleitlinien - Raumordnung für das gesamte Tal,

rechtskräftige Bebauungspläne in den Maßstäben 1:5000 und 1:1000 werden nur als Parzellierungspläne von den Vermessungsingenieuren ausgeführt,

außerhalb der Bebauungsplangrenzen vorgesehene Entwicklungsflächen

(Mücavir alan) sind Spekulations- und Degenerationsgrund,

die Baugenossenschaften sind eine blutige Wunde im Siedlungswesen der Türkei,

Provinzstädte müssen vom Gouverneur befreit und unter der Zuständigkeit des jeweiligen Oberbürgermeisters neu organisiert werden (lokale Verantwortung).

Das Lycos Tal, wie auf der oberen Abbildung oben rechts zu sehen ist, ist ein Geschenk der Natur, sehr reich, bis hin zu Weißgold / Baumwolle, sowie sehr reich

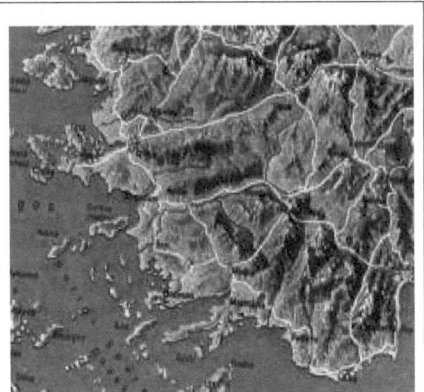

Abb.48: Mäandertal - Menderes ovasi
(Maiers Geographischer Verlag Deutschland 1999)

Abb.49: Geologische Karte des Mäandertals
(Maden Tetkik Ve Arama Genel Müdürlügü (MTA) Türkei)

an sonstigen Naturprodukten. Wie im Gesamtbild sichtbar, wird dieses Tal ohne Raumordnung / Raumleitlinien zugepflastert.

Entwicklung kultureller Impulse, der Wirtschaft und der Freizeit als Lebensraum auf der Achse

Der Mensch bringt durch sein Unwesen, das er treibt, Entwicklungen heraus, die mit der Zeit entsprechend zu disziplinieren sind. Entspricht den "Leiden seines Lebens". Diese Leiden braucht der Mensch um reif zu werden.
Welche Mittel sind also notwendig, um dieses Ziel zu erreichen? Es sind ganz gewiss seine wirtschaftlichen Verhältnisse, Arbeit und Konsum, sowie freizeitliche Aktivi- täten, um körperlichen und geistigen Ausgleich zu finden. Die durch diese Mittel und Aktivitäten entstandenen Ergebnisse sind seine kulturelle Basis.
Die Entwicklungsachse ist damit für den Menschen zugleich auch eine Impulsachse für sein Leben. Zur Entwicklung der kulturellen Impulse sind wirtschaftliche und freizeitliche Mittel notwendig. Der Mensch braucht eine Ebene, um sich vollständig zu bewegen. Diese Ebene beruht auf den kulturellen Impulsen, die sich in der Achse widerspiegeln.

Die innerlichen und äußerlichen Aktivitäten eines Menschen, beruhend auf seinen Impulsen, müssen sich soweit auf dieser Achse widerspiegeln, damit diese Wahrnehmung von der Gegenwart bis in die Zukunft hineinwirkt (hineinwächst). Damit wird der Lebensraum auf der Achse nicht als bestimmend, sondern als frei und entwicklungsfähig, definiert. Er soll auch nicht von technischem und wirtschaftlichem / materiellem Zwang blockiert werden, denn Machbarkeit ist nicht begrenzbar. Der Weg, welcher die richtige Entwicklung trägt, muss gefunden werden.

Abb.50: Mäandertal im Bestand
(Türkiye'Nin Parlayan Yildizi, Denizli, T.C. Denizli Valiligi)

Definition der Achse und der Neuentwicklung

Der Raum entlang des Mäander-flusses wird als Mäanderachse, im Sinne einer einheitlichen Neu-ordnung, definiert, wobei sich **kulturelle Impulse, Wirtschaft und Freizeit als Lebensraum auf der Achse entwickeln sollen.**
Die folgenden zwei Karten dienen als Übersicht zur Neuentwicklung der Achse.

Abb.51: Fehlentwicklungen
(Türkiye'Nin Parlayan Yildizi, Denizli, T.C. Denizli Valiligi)

Die Mäanderachse setzt sich aus den folgenden zwei Bereichen zusammen:
a) Bereich Denizli - Pamukkale - Hierapolis, welcher im Folgenden als östliche Achse bezeichnet wird.
b) Bereich Nazilli - Aydin - Selcuk - Ephesus - Pamucak (Hafen), welcher im Folgenden als westliche Achse definiert wird.

a) Bereich Denizli - Pamukkale - Hierapolis

Das Tal in diesem östlichen Bereich ist ca. 20 km breit (breiteste Stelle) und ca. 100 km lang. Wesentlich ist das Siedlungsgebiet 'Stadt Denizli' im südlichen Bereich des Tales, am Fuße des Berges Babadag gelegen.

Die Entwicklung wird hier in unkontrollierter Weise vorangetrieben, wobei Straßen und Parzellierungenaus wirtschaftlichen Gründen in städtebauliche Strukturen aufgenom-men werden. Man versteht nichts von einer Strukturentwicklung. Bauflächen werden von Vermessungsingenieuren geschaffen.

In diesem Tal sind erste organisierte Gewerbeflächen im Bereich Kocabas und zweitens ein Industrie- und Gewerbegebiet im oberen Tal, Landkreis Cardak, wo sich auch der Flughafen Denizli befindet, entstanden.

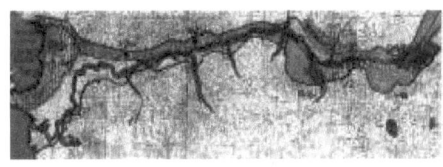

Abb. 52a: Axiale Strukturierung als Neuentwicklung der Mäanderachse (Koca

Diese Siedlungsstrukturen basieren auf der Staatsstraße von Ankara nach Izmirund sind zugleich die einzige Erschließungsfläche. Dadurch kommt es zu einer Entwicklung, welche zukünftig, teilweise jedoch jetztschon, unlösbare Probleme und Gefahren birgt.

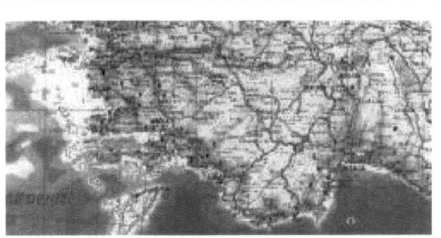

Abb. 52b: Übersichtskarte der Mäanderachse

Dieses 'Obere Mäandertal', auch als 'Lycos Tal' bzw. 'Cürüksu Vadisi' bekannt, spielte schon in der Geschichte eine bedeutende Rolle. Einige historische Großsiedlungen im nördlichen Bereich (z.B. Pamukkale - Hierapolis) sind Zeugnisse dieser Vergangenheit.

Abb.53 Konzept Stadtzentrum Denizli

Dieses Tal hat auch eine große landwirtschaftliche Bedeutung. Zukünftige Entwicklungen müssen somit der Landwirtschaft erste Priorität einräumen.

Die Siedlungsdichte im östlichen Talbereich ist bereits an ihre Grenzen gestoßen, so daß man als weitere Entwicklung höchstens die schon gebauten Flächen reorganisieren kann. Als Maß in der Zukunft wird eine zweifache Dichte, gemessen an der heutigen, vorgeschlagen (doppelte Einwohnerzahl als höchste Grenze). Dieser Wert ist durch die Sanierung der Flächen im Bestand erreichbar. Darüber hinaus muss man die Dichte auf diegesamte Achse in erträglicher Weise verteilen.

Abb.54a: Axiale Entwicklung der östlichen Achse im LycosTal.Koca 2000

Eine östliche Erweiterung der Achse, als dritte Stufe, ist vorzusehen.

Würde man im Lycos Tal weiter unkontrolliertes Siedlungswesen zulassen(Gewerbe), würde die Entwicklung Ausmaße wie im Ruhrgebiet in Deutschland annehmen.Im Ruhrgebiet hat man gesehen, daß der, durch den jahrhundertelangenKohleabbau, erreichte Profit, zugleich eine Verschmelzung der Flächen veranlasst hat, so daß man heute diesenerwirtschafteten Profit mehrfach aus geben müsste,

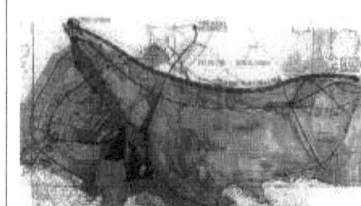

Abb.54b: Infrastrukturachse im Bereich Denizli und Stadtachse in Denizli - Koca 2000

Abb.55 unten Cürüksu-Lycostal

um diese Flächen wieder natur-gerecht zu sanieren.In Hinsicht auf die geplante Autobahn trasse, die mitten durch die Flußauen das Tal durchqueren soll, muss man strikte Maßnahmen ergreifen (z.B. Bürgerinitiative), um dies zu verhindern und damit die Entwicklung im östlichen Tal nach dem Vorschlag der 'Axialen Strukturierung', wie in folgender Karte dargestellt, ihren Lauf nimmt. Flußauen und landwirtschaftlicher Bereich müssen naturgetreu, und damit frei bleiben.

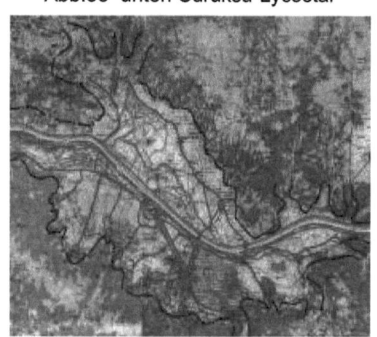

Die industrielle Entwicklung schafft aufgrund der Monostrukturierung, konzentriert überwie-gend auf Textilindustrie und traditionelles handwerkliches Gewerbe, weitere gravierende Probleme. Ein Vorschlag, um in diesem Gebiet langfristig zukunftsfähig zu sein, wäre die Ansiedlung von Hochtechnologien. (Man kann zwar eine moderne Textilindustrie schaffen, sie ist aber trotzdem keine Hochtechnologie bzw. High - Tech!)

Die Stadtachse Denizli ist eine Entwicklung auf der sich die gesamte zentral entwickelte Stadt wiederfindet. Auf der Stadtachse befinden sich auch die Punkte, die eine Verteilerund Sammelfunktion übernehmen. Diese Punkte die teilweise oder ganz neu auszubilden sind, Sind folgende:1. Incilipinar, 2. Deliklicinar, 3. Bayramyeri, 4. Semikler, 5. Beylerbeyi, 6. Otocar. Über diese Stadtachse erfährt die Stadt Denizli Anschluss an die Infrastrukturachse.

b) Bereich Nazilli - Aydin - Selcuk - Ephesus - Pamucak (Hafen)

Die westliche Achse ist ca. 15 km breit und 150 km lang. Sie ist genauso ein landwirtschaftlich bedeutendes Gebiet wie die östliche Achse, das überwiegend naturtreu bleiben muss. Die Siedlungsgebiete sollten somit nördlich der vorgeschlagenen Entwicklungsachse entstehen.
Entscheidend für die gesamte Achse ist, daß die Entwicklung in diesem westlichen Bereich, v.a. im Industriehafen Pamucak, mit einer freien Handelszone und an der Ägäischen Küste gelegen, nur objektiv einen Abschluss findet. Subjektiv und historisch betrachtet, kann die Entwicklung, im Sinne der 'Seidenstraße', von hier aus übers Meer und weiter Richtung Westen ihren Weg aufnehmen.
Mit der Integration von vielen historischen Ortschaften bekommt die Achse große Bedeutung. Diese historischen Ortschaften, einschließlich der örtlichen Gegebenheiten, müssen mit Biotopkulturen entsprechend ausgebaut werden, so daß Natur und Historie zusammenwachsen kann.
Ansonsten müssen die auf der Achse bestehenden Siedlungen nach neuen Kriterien und Gesichtspunkten saniert, reorganisiert, entsprechend verdichtet und in die Achse integriert werden. Keinesfalls dürfen neue Flächen in großem Maßstab für die Siedlungsstruktur, inklusive Industrie, verbraucht werden.

Axiale Neuordnung als Lebensraum (Landesebene)

Die grundsätzliche Fehlentwicklung der Türkei beruht hauptsächlich auf fünf Punkten:

Erstens:
Auf Landes-, Regional- und Lokalebene sind keine übergeordneten Raumleitlinien- Raumordnung definiert.

Zweitens:
Wie in der Abbildung zu sehen, ist ein rechtskräftiger Bebauungsplan nichtssagend, ohne Inhalt. Dieser Plan enthält nur Parzellierungen und GRZ – und GFZ – Zahlen (Grund- und Geschossflächenzahlen). Sie werden hauptsächlich von Vermessungsingenieuren ausgeführt.
Die Städte und Gemeinden haben keine richtig ausgebauten Planungsämter, die im Bereich Städtebau und Architektur funktionierende Leitlinien vorbereiten, kontrollieren und ausführen könnten. In der Praxis sind Städtebau und Architektur so getrennt (Städtebau und Architektur Kammern sind auch getrennt), daß man nie zusammen funktionierende Verhältnisse aufbauen kann.

Drittens:
In den Flächennutzungs- und Bebauungsplänen sind immer nur sog. Entwicklungsflächen (Mücavir alan) ausgewiesen. Dies ist die Hauptursache, die zu den Spekulationen führt, weil die Reichen die Flächen vorab als Ackerland aufkaufen, um sie dann gleich als Bauland erstellen zu lassen.

Die sofortige Entwicklung dieser Flächen beeinflusst die Stadtentwicklung negativ und undefinierbar. Diese Entwicklung sollte zukünftig von der Stadt selber in Anspruch genommen werden. Ab sofort wird von solchen Flächenausweisungen in den Bebauungsplänen abgeraten.

Flächennutzungs- und Bebauungspläne müssen in ihrem Geltungsbereich konkret bleiben, weil sie für mindestens die nächsten 50 Jahre gemacht werden.

Das Mäandertal zugleich wie auch das Marmara Gebiet sind aufgrund der Verwerfungen und der Verschiebungen der Kontinentalplatten im Untergrund Erdbeben gefährdet. Dieser Umstand muss in die zukünftigen Planungen mit einbezogen werden. Bisher wurde diesen Tatsachen auf Landesebene keine Beachtung geschenkt.

Als einleitende Lösung der Siedlungsproblematik und der Gestaltung des Lebensraumes gelten neue Raumordnungsverhältnisse, definiert als 'Axiale Integration' bzw. als 'Axiale Neuordnung'.

Auf folgender Karte werden mögliche Entwicklungsachsen, unter Berücksichtigung historischer und gegenwärtiger Gegebenheiten sowie zukünftiger Planungen, aufgezeigt, welche das gesamte Land umfassen.

Die auf der Karte dargestellten Entwicklungsachsen, bekommen über die Landesgrenze hinaus, Anschluss in andere Länder: z.B. die Achse Nr.1 Richtung Europa oder Achse Nr.2 über die Ägäischen Inseln nach Rom, entsprechend der Seidenstraße.

Viertens:

Baugenossenschaften sind eine blutende Wunde im Siedlungswesen weil sie im wesentlichen weder gesetzliche noch technische Entwicklungen zu beachten haben. Es geht in erster Reihe um eigene wirtschaftliche Vorteile des Vorstandes. Für die Genossenschaft bleibt alles auf der Strecke. Planerische und bautechnische Entwicklungen sind miserabel.

Dringend zu empfehlen ist, diese Art von Baugenossenschaften von Grund auf abzuschaffen.

Fünftens:

Die Provinzstädte müssen in die neu entwickelten Landesachse interiert werden und Lokale Kräfte sollen auch bei der Entwicklung die Verantwortung tragen. Diese werden juristisch-rechtlich neu organisiert.

C - Stadthügel Wien – Westbahnhof

Neue Stadtqualität durch Sustainable City Implentation

Wiener Westbahnhof als Freifläche in einer zentral entwickelten Stadt / Siedlung

Aufgrund einer langjährigen Siedlungs- und Verkehrsentwicklung zeichnen sich viele europäische Großstädte durch mehrere Kopfbahnhöfe aus. Eine Neuinterpretation der Bahnhöfe und ihrer Entwicklung, wie z.b. die Zusammenfassung aller Kopfbahnhöfe und die Schaffung eines Durchgangsbahnhofs, führte dazu, daß all diese Bahnareale, die zumeist in der Innenstadt liegen, entweder brach liegen oder einer neuen Nutzung zugeführt werden.

Der Durchgangsbahnhof übernimmt all jene Funktionen, die vorher auf die einzelnen Kopfbahnhöfe aufgeteilt waren. Gegenüber einem Kopfbahnhof gewährleistet ein Durchgangsbahnhof schnellere Reisezeiten, kürzere Umsteigewege und einen flüssigeren Eisenbahnbetrieb.

Der Wiener Westbahnhof hat in seiner ehemaligen Funktion als Kopfbahnhof ausgedient. Das gesamte Gelände zwischen Wiener Westbahnhof und Technischem Museum ist im Bestand eine große Freifläche, die einer Umnutzung zugeführt werden soll.

Der Versuch einer Neuorientierung ist auch das Planungsprojekt "Stadthügel Wien Westbahnhof" des Forums Nachhaltige Stadt / Oikodrom.

Neues Entwicklungs- und Nutzungskonzept
für das Bahnhofsgelände

Der Wiener Westbahnhof soll aus der Sicht des Autors als Kopfbahnhof erhalten bleiben. Jedoch soll das gesamte Gelände in die Strukturen des Umfeldes integriert werden. Mit dem sich zukünftig entwickelnden Umfeld ist eine enge räumliche Verknüpfung anzustreben.

Das gesamte Bahngelände muss für eine zukünftige Entwicklung einer neuen Bewertung unterzogen werden.

Über die Bahngleisnutzungen hinaus sollen für das Gelände neue Entwicklungsmöglichkeiten geschaffen und genutzt werden. Ziel ist eine selbständig funktionierende Einheit, die das Stadtbild zukunftsweisend ergänzen soll. Dafür ist eine bestimmte Größenordnung notwendig, die in diesem Falle mit den 30 ha gegeben ist.

Eine weitere Voraussetzung, damit das neue Stadtgefüge selbständig funktionieren kann, ist die richtige Integration des Bahngeländes.

Die gesamte Stadtentwicklung erhält somit eine neue Richtung und eine neue Dimension.

Bahnhöfe in bestehenden zentralentwickelten Städten in der Zukunft am Beispiel der Stadt Wien

Wie kann man zentralentwickelte Städte in eine axiale Entwicklung auflösen ?

Der Wiener Westbahnhof wird in der Zukunft, wie die meisten Bahnhöfe in anderen Städten auch, eventuell zu einem Durchgangsbahnhof umgestaltet werden.

Wenn in Zukunft die Bahnnetze weiter ausgebaut und als Hochgeschwindigkeits- linien erschlossen werden, wobei der Massentransport Vorrang vor dem Einzelverkehr erhält, dann sollten als Lösung neue Bahnhöfe außerhalb der Siedlungsbereiche in Erwägung gezogen werden. Diese 'Schnelltransport- bahnhöfe' dienen als Anknüpfungspunkte für die Siedlungen.

Die Bahnhöfe der Zukunft, außerhalb der Siedlungsbereiche, sind nicht nur Verkehrs- und Schienenanschlusspunkte, sondern selbständig funktionierende Stadtelemente, welche unterschiedliche Funktionen miteinander verknüpfen. Von hier aus könnte man zu den Stadtkernen und zu den bestehenden Kopfbahnhöfen eigene Anschlüsse schaffen.

Bestehende Kopfbahnhöfe werden, wie im Beispiel Projekteinheit Stadthügel Wien Westbahnhof aufgezeigt, weiterentwickelt.

Die alten Kopfbahnhöfe in ihrer jetzigen Ausformung sind angesichts der neuen Anforderungen nicht leistungsfähig genug.

Für den Hochgeschwindigkeitsverkehr, als Grundvoraussetzung für eine schnelle Verbindung, werden zukünftig neue Bahnhöfe notwendig.

Mit der Entwicklung neuer Bahnhöfe außerhalb der Siedlungsbereiche wird gleichzeitig eine neue Infrastrukturachse geschaffen.

Die Stadt bzw. der historische Kernbereich wird durch den neuen Bahnhof an diese Infrastrukturachse angeschlossen.

Die zentralentwickelte Stadt wird auf diese neue Entwicklungsachse verlagert und innerhalb dieser Achse aufgelöst.

Stadt Wien als Beispiel eines europäischen zentralentwickelten Stadtbildes, geteilt wie viele anderen Großstädte auch durch einen Fluß

Weit über die Hälfte der europäischen Bevölkerung lebt in Ballungsräumen. Der ökologische Fußabdruck steigt - er beträgt ein Vielfaches der tatsächlichen Ausdehnung jeder Stadt, denn die städtischen Lebensstile bewirken eine Übernutzung fast aller Ressourcen. Energieintensive Produktionsformen, Landschaftszerstörung und vielfältige Emissionen führen zu Belastungen über mehrere hundert Kilometer hinweg.

Auch die stadtimmanenten Belastungen wachsen mit der Größe der Stadt. Der Umgang mit Fläche und Vegetation in der Stadt hat sich immer mehr dem motorisierten Verkehr und der Wirtschaft untergeordnet. Dementsprechend wird auch das Stadtbild geprägt.

Der öffentliche Raum mit seiner sozialen Bedeutung findet in der modernen Stadtplanung kaum noch Berücksichtigung. Der öffentliche Raum entwickelt sich immer mehr zum "Durchgangsraum". Die Entstehung dieser Durchgangsraumverhältnisse wurde durch die Industrialisierung massiv beschleunigt. Die Menschen wanderten in die Städte, weil sie sich hier positive Lebens- und Arbeitsbedingungen erhofften. Dadurch entstanden einerseits Ballungsräume, um die großen Städte herum, und andererseits "Leerräume" im ländlichen Raum. Aufgrund der immer stärkeren Verdichtung der Städte, einhergehend mit Lärmbelästigungen und Emissionen, und durch die Verbesserung der Lebensverhältnisse im ländlichen Raum, kommt es zu einer Umkehr der Wanderungsbewegungen.

Dieser ständige Wechsel von Stadt und Land, von Urbanisierung und Reurbanisierung, beeinflusste auch die Infrastruktur der Stadt und führte zu negativen Belastungen, die heute schwer rückgängig zu machen sind.

Auch die soziale, gesellschaftliche Entwicklung ist von den Durchgangs- verhältnissen geprägt. Ein Zusammenwachsen der verschiedenen menschlichen Lebensbereiche erscheint fast unmöglich. Die Stadt präsentiert sich nicht mehr als Ort der Kommunikation und Identifikation, sondern als Ort der Isolation.

Die heterogene Entwicklung und die Funktionstrennung in Arbeits- und Schlafstädte sind direkte Folge gesetzlicher Bestimmungen, die der heutigen Realität nicht mehr entsprechen.

Projekteinheit Stadthügel Wien - Westbahnhof inmitten eines von Blockbebauung geprägten Stadtbildes

Frage: Wie weit ist dies implantationsfähig

Die Blockbebauung ist ein Charakterzug der europäischen Stadtentwicklung. Eine Lückenfüllung ist verhältnismäßig besser als Blockbebauung. Mit seinen Projekteinheitsgrößen kann es auch selbständig funktionieren. Dieser Vorschlag gilt für die Gegenwart, nicht für die zukünftige Entwicklung.

Hinter dem Wiener Westbahnhof liegt eines der bedeutendsten Bahnareale von 1,5 km Länge und 200 m Breite, also 30 ha. Auf dieser Fläche können ca. 200 Einwohner / ha untergebracht werden.

Das Prinzip der Dichte als ein wichtiges Kriterium

Im Stadthügel wird eine Dichte in menschenverträglicher Dimension zum Ausdruck gebracht, wobei Dichte und Lebensqualität im "urbanen Design" wieder vereint werden. Verschiedene Nutzungen wie Arbeit, Wohnen und Freizeit sollen auf engem Raum nebeneinander bestehen.

Sämtliche freien Flächen sind nur für den Menschen da. Das Auto findet höchstens im Inneren des Hügels Platz.

Stadthügel Wien - Westbahnhof als Projekteinheit, die in einer neuentwickelten axialen Struktur als Siedlungseinheit mit dynamischem Inhalt Platz finden kann.
Die Projekteinheit Stadthügel Wien - Westbahnhof, mit einer Mindestgröße von 5000 bis 10000 Einwohner, mehreren Arbeitsplätzen und sonstigen Funktionen, soll sich zu einem selbständig funktionierenden Stadtelement entwickeln.

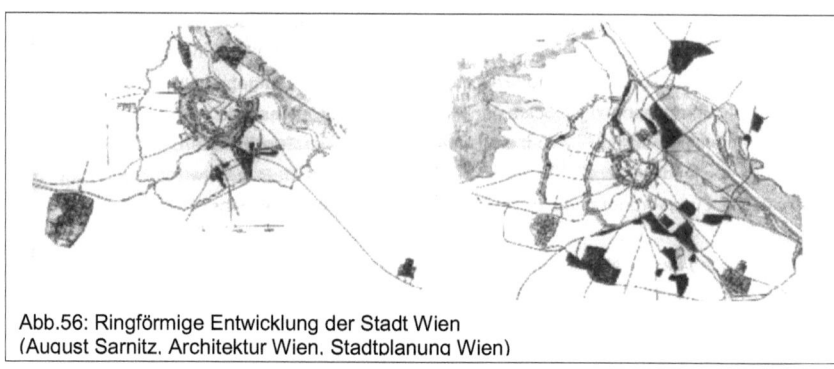

Abb.56: Ringförmige Entwicklung der Stadt Wien
(August Sarnitz, Architektur Wien, Stadtplanung Wien)

Abb.57: Blockbebauung und rechtwinkliges Straßenraster als Erschließungstyp
(August Sarnitz, Architektur Wien, Stadtplanung Wien)

Die Aufgabe der Zukunft besteht in der Entwicklung solcher selbständig funktionierenden Elemente, sowie deren Implementation in eine dynamische Achse.

Somit entsteht einerseits ein neues Siedlungsbild mit Projekteinheiten und Implementationselementen und andererseits eine Infrastrukturachse mit allen notwendigen Grundfunktionselementen. Das Raster der neuen Siedlungsform ist nicht nach Gebäuden und Straßen entwickelt, sondern auf die Einheiten bezogen, die auf einer Linie Platz finden. Die Linie wird zum tragenden Element, zur Grundstruktur der Siedlung. Die Fehlerquelle der Siedlungen wird aufgrund der Linienstruktur soweit minimiert, daß ein langfristiger Ausbau in gesundem menschlichem Maßstab möglich ist.

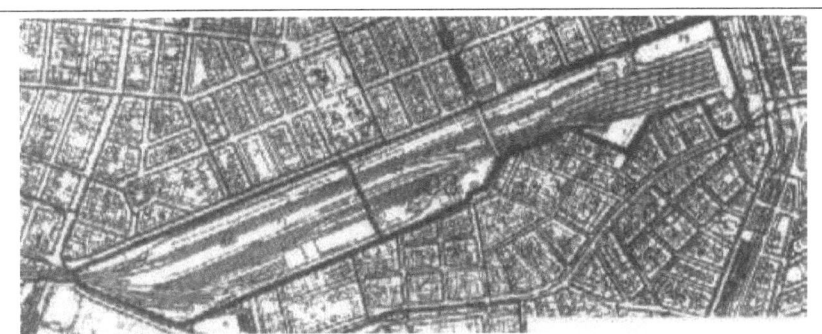

Abb.58: Stadtkarte Wien, Ausschnitt 15. Bezirk - Westbahnhof, Bestand
(Heidi Dumreicher, Stadthügel Wien Westbahnhof, Oikodrom 3, 1997)

Abb.59: Übersichtsplan Stadthügel Wien Westbahnhof
(Heidi Dumreicher, Stadthügel Wien Westbahnhof, Oikodrom 3, 1997)

Die Stadt Wien, wie andere europäische Großstädte auch, ist ein typisches Beispiel für alle, mit Blockbebauung, kleine Einheiten, rechtwinkeliges Srtrassenraster im dichtverbauten Stadtgebiet sind das Erbe einer langjährigen historischen Entwicklung, die in vielen europäischen Städten heute noch Gültigkeit zeigen, diese als zukünftige Siedlungsentwicklung und zentrale Orte nicht fähig sind sich zu behauten.

D - Raumleitlinien zur Nachhaltigkeit im Münchener Norden

Millennium Bogen – Achse Münchner Norden

Heute weist die Stadt München auf 100 km Durchmesser nur noch Siedlungs- struktur auf.

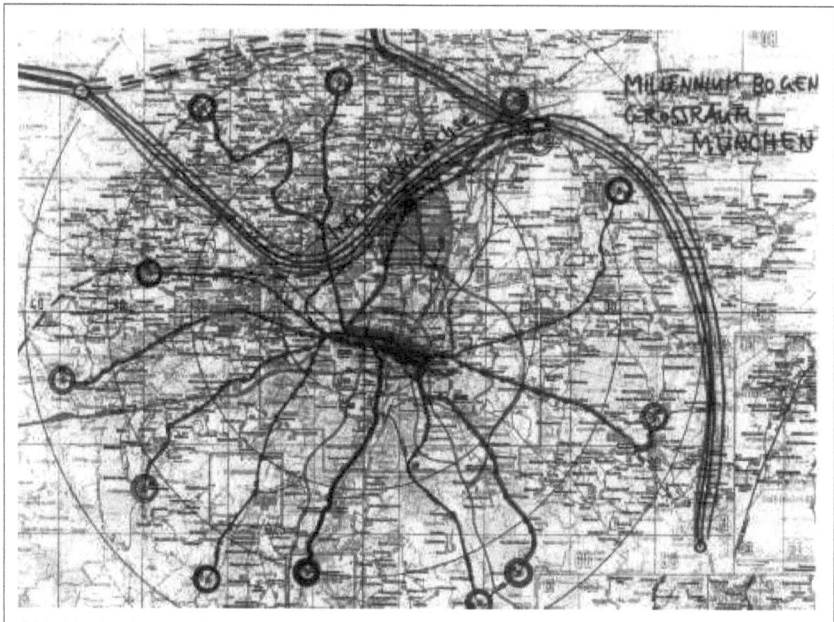

Abb.60: Großraum München - Millennium Bogen - Achse Münchner Norden
(Koca 2000, Grundlage: Karte MVV Verkehrslinienplan Region) Kontinentaleachse

> Gesellschaftliche und sozio-ökonomische Polarität sind die Folge. Die Menschen könnten im dichten Stadtkern zusammenleben und sich vertragen. Aber finanziell und sozial Bessergestellte ergreifen die "Flucht ins Grüne" und nehmen Abstand zum eigentlichen Stadtkern.

> Als einziges gemeinsames Entwicklungselement für eine funktionierende, lebende Siedlung bleibt die Verkehrsmobilität. Sie ist jedoch eine eher negative Basis. Verkehrsmobilität darf nicht bestimmend sein für eine Gesamtsiedlungs- flächennutzung.

> Punktweise Entwicklungen, die sehr unterschiedlich sind: klein, groß, arm, schön, häßlich....

> Mit diesem Entwicklungsansatz wird die Überlebensphilosophie "konkurrenzfähig zu sein" entwickelt:

Fazit

-Flächen verlieren ihre natürlichen Eigenschaften. Fehler können nicht mehr rückgängig gemacht werden.
-Differenzierung der Menschen und Abstand zu ihrem Ursprung führt zu einer heterogenen Entwicklung, zu Einzelgänger statt Gemeinschaft. Dies behindert eine natürliche Entwicklung.
-Materielle Differenzierung der Siedlungen durch die allein bestimmende Verkehrs mobilität in negativer Richtung.

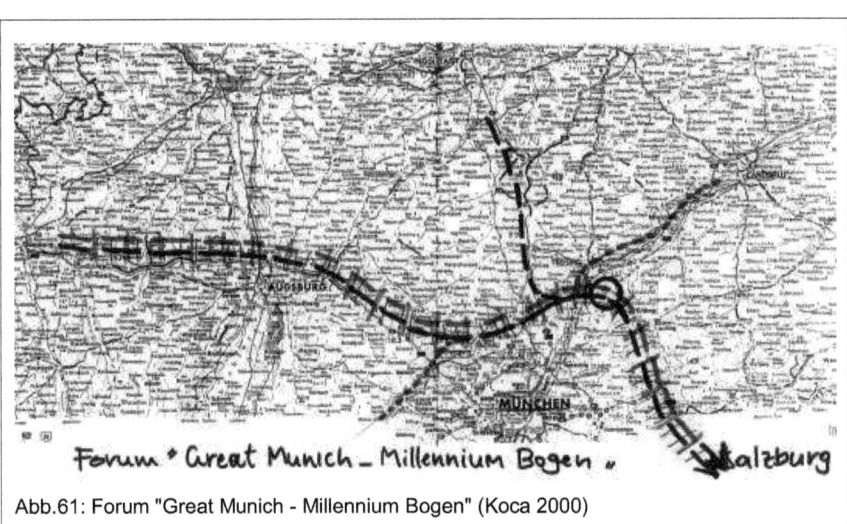

Abb.61: Forum "Great Munich - Millennium Bogen" (Koca 2000)

Ziel

Das Ziel ist, daß beide auf dem Millennium Bogen zusammenwachsen und langfristig die zentrale Kernstadt auflösen, damit wir laut der Grundidee eine neue dynamische axiale Raumordnung schaffen.
Definition axialer Entwicklung (Millennium Bogen) durch die Strukturentwicklung und Flächennutzung bestimmenden Elemente:

> Verkehrsmobilität: Autobahnen
                       Schnellstraßen   (Staatsstraßen,   Verteilerstraßen)
                       Fernbahnnetz   (Schnellzüge,   Transrapid)
                       S-Bahn Netz
> Energieträger: Strom, Gas, zentrale Heizversorgung
> Kommunikationsinfrastruktur: Datenbahn, Telekommunikation
> Technische Infrastruktur: Wasser, Abwasser, Müll, Recycling

Diese angesprochenen Infrastrukturelemente müssen gebündelt werden, um ihre schädliche Wirkung aus der Fläche zu nehmen. Die restlichen Flächen werden freigelassen:
a) für die Siedlungen (gebaute Landschaft)

b) für Naturlandschaft (unbebaute Landschaft)

Abb.62: Infrastrukturachse Stuttgart – München (Koca 2000)

> Die bisherige Entwicklung, daß gebaute Flächenverhältnisse im Vordergrund stehen und bestimmend sind, darf so nicht weitergeführt werden. Mit gebauten Verhältnissen kann man Einfluß nehmen. Sie dürfen aber nicht bestimmend für natürliche Verhältnisse sein.

> Am wichtigsten für die Gesamtentwicklung ist die Definition und das Erhalten des Gleichgewichts zwischen den gebauten und nicht-gebauten Elementen. Dies zu verwirklichen ist Hauptplanungsziel.

> Künftige Entwicklung der Siedlungen:
  - Voraussetzungen für die Anbindung von Siedlungen an die gebündelten strukturbestimmenden Elemente sollen geschaffen werden.
  - In bestimmte Größeneinheiten geordnete Siedlungen werden an diese Elemente angeschlossen (nach außen). Aber die Innenentwicklung soll von Gewaltflächen freigehalten werden (natürliche Entwicklung).

Urbane Siedlunginnovationen

- Die Gestaltung und das Baumaterial hängen stark voneinander ab. In Zukunft sollten hier neu entwickelte Materialien zur Anwendung kommen; z.B. solche, die sich in kürzeren Zeitphasen erneuern, wie die lebenden Zellen.
- Die Materialien sollen auch mehr Transparenz, Einfachheit, Leichtigkeit und Flexibilität gegenüber den versteinerten Verhältnissen widerspiegeln. Einen Schwerpunkt bilden hierbei Energieträgermaterialien.
- Dauerhafte Entwicklung bedeutet Vielseitigkeit und Vielfarbigkeit.

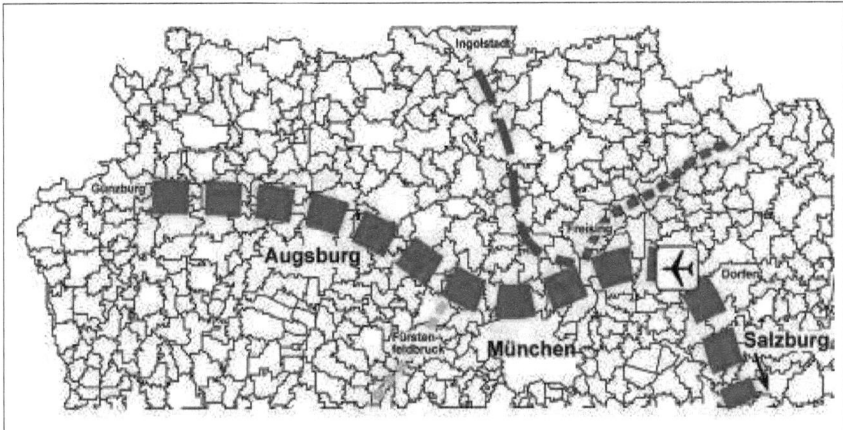

Abb.63: Infrastrukturachsen und Gemeindegrenzen - unzählige feudale Herren in ihrem Spinnennetz, ein System zum Untergang verurteilt (Koca 2000)

Kontinantale Infrastrukturachse auf Internationale Ebene
innovative Entwicklungskraft

- Voraussetzungen für die Anbindung von Siedlungen an die gebündelten strukturbestimmenden Elemente sollen geschaffen werden.
- In bestimmte Größeneinheiten geordnete Siedlungen werden an diese Elemente angeschlossen (nach außen). Aber die Innenentwicklung soll von Gewaltflächen freigehalten werden (natürliche Entwicklung).
- Die Gestaltung und das Baumaterial hängen stark voneinander ab. In Zukunft sollten hier neu entwickelte Materialien zur Anwendung kommen; z.B. solche, die sich in kürzeren Zeitphasen erneuern, wie die lebenden Zellen.
- Die Materialien sollen auch mehr Transparenz, Einfachheit, Leichtigkeit und Flexibilität gegenüber den versteinerten Verhältnissen widerspiegeln. Einen Schwerpunkt bilden hierbei Energieträgermaterialien.
- Dauerhafte Entwicklung bedeutet Vielseitigkeit und Vielfarbigkeit.

Ausgangslage

Wie überall werden auch im Münchener Norden die Ortschaften von den S-Bahn-Strecken durchfahren; z.B. die S1 von München nach Freising. Dadurch werden diese Ortschaften geteilt und funktionieren erschließungsmäßig nicht mehr. Einzelne Teile können sich nicht mehr versorgen. Immisionsschutzmäßig kann man auch nichts dagegen unternehmen. Wenn, dann könnte man diese Strecke nur unterirdisch zu führen. Aber diese Lösung funktioniert auch nicht: erstens ist sie zu teuer und zweitens ist sie ökologisch nicht durchführbar. Hierdurch würde unterirdisch auf ganzer Strecke eine „Chinesische Mauer" entstehen.

Die Grundwasserverhältnisse, der Boden und das Mikroklima werden beeinflußt, so daß die Zukunft bzw. die Auswir- kungen heute nicht voraus- gesagt werden können.

Wenn alle S-Bahn-Strecken entlang den Ortschaften um München herum unterirdisch verlegt würden (ca.100 km Durchmesser),würden mehre-re Chinesische Mauern ent-stehen, was einen gewaltigen Einfluß auf die natürlichen Verhältnisse hätte. Langfristig ist es keine Lösung in diese Richtung weiter zu machen. Es ist keine Entwicklung als moderne menschliche Sied-lungsstruktur (auch ethisch gesehen).

Die heutige Entwicklung im Großraum München ist durch Zentralität geprägt. Deshalb soll versucht werden, die Entwicklung auf ein oder zwei grundsätzliche Achsen zu verlagern, während der Rest für eine bestimmte Zeit weiterhin unangetastet gelassen wird und sich mit der Zeit dann verliert. Notwendiger landschaftlicher Lebensraum muß freigemacht werden

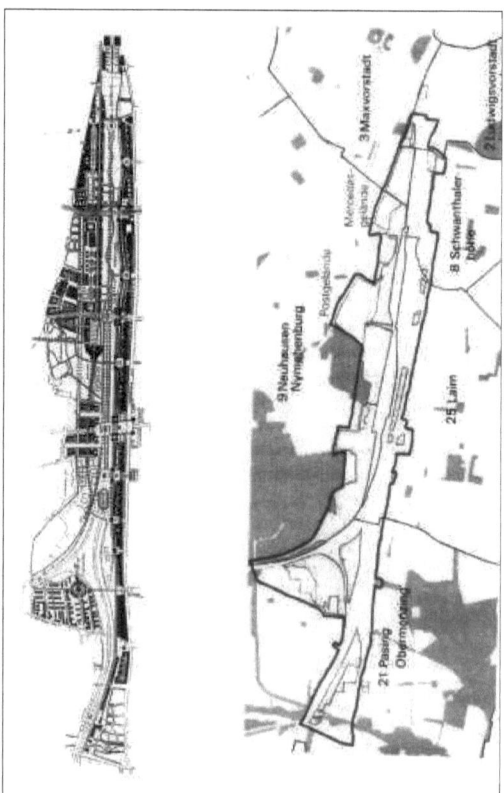

Abb. 63a Achse München Hauptbahnhof - Pasing
links: Entwurf Koca zur zukünftigen Achse
rechts: Bestand (Teil-) Lageplan München

Durch eine gesamte Untertunnelung würden sich die Menschen nur noch unterirdisch in Tunneln bewegen. Dies ist ethisch langfristig nicht vertretbar, weil die menschliche Psyche und die Wahrnehmungsentwicklung dadurch gravierend beeinflußt und geschädigt wird. Der Mensch ist kein Maulwurf. Er braucht Licht und Freiraum. Durch solche Entwicklungen verliert der Mensch seinen Bezug zur Siedlung, zur Stadt. Der Mensch wird agressiv. Die unterirdischen Räume werden zu Angsträumen und Explosionspunkten.

Infrastrukturachse

Zwischen Feldmochinger Kreuzung A 92 / A 99 und A 9 / A 92 Eching und Neufahrn soll parallel zur A 92 eine neue Infrastrukturachse entstehen.

Auf dieser Infrastrukturachse wird der gesamte Verkehr, Energie, Kommunikation und sonstige Versorgungsleitungen integriert. So soll auch gewährleistet sein, daß die Ortschaften in diesem Gebiet sich in kurzer Zeit an diese Achse anschließen, wie in der Abbildung 33, Großraum München zu sehen ist.

Auf der Achse am Flughafen wird ein neuer Bahnhof für alle Verkehrsmittel entstehen, welcher neue Dimensionen verkörpert. Bahnhof ist nicht mehr Bahnhof, sondern ein „Mobilitätshafen Flug und Bahn" = Flug-Bahn-Hafen.

a) Verkehrsmobilität
> Autobahn A92 im Bestand:

Diese zieht sich mitten durch die Heidelandschaft zwischen Isar und Dachauer und Freisinger Sperre. Die machtbestimmenden Elemente sollten nicht in dieser Form durch die Heidelandschaft gezogen werden. Aber hier steht man vor vollendeten Tatsachen.
> Neue Staatsstraße (Autoverkehr):

Diese wird parallel zur Autobahn A92 (östlich) mit vier Anschlüssen(Feldmoching, Oberschleißheim, Unterschleißheim, Eching und Neufahrn) zur Autobahn konzipiert. Die Ortschaften werden von dieser neuen Staatsstraße angeschlossen, und nicht direkt von der Autobahn. Ziel ist, die Belastungen der Bundesstraße B13 langfristig zu reduzieren, bzw. ganz abzuschaffen. Konversionsflächen zwischen den Autobahnen A9 und A92 dienen als Freiflächen und restliche Flächen, die zwischen den Ortschaften angeschlossen werden. Es wird damit ein direkter Anschluss von Ortschaften an die Autobahn verhindert (von Hauptadern kann man zu den kleinen Adern keinen Anschluss schaffen, sonst platzen sie).
> Fernbahn (Schienenverkehr):
Diese wird mit der Autobahn gleichgewichtet. Schaffung der Möglichkeit für eine langfristige Entwicklung parallel zur A 92 (westliche Verlegung ab Feldmoching), die die neueste Technik im Schienenverkehr / Fernverkehr (ICE, EC, Magnetschwebebahn bzw. Transrapid, oder ähnliche auf Infrarotlichtfäden) integriert. Langfristig ausbaufähig und offen für innovative Techniken.

> S-Bahn (Schnellbahn-Metro)

Diese wird zusammen mit der neuen Staatsstraße östlich von der A 92 integriert. Die Ortschaften werden an die S-Bahn durch ortsbezogene Anschlüsse angeschlossen. Es sollen Anschlüsse mit wenig belastenden Verkehrsmitteln (je nach Bedarf) entstehen. Durch die Verlegung der S-Bahn Strecke auf die Infrastrukturachse werden die dort freigewordenen Flächen als Grünzug und als „grüne Achse" gestaltet, welche die jeweiligen Ortschaften miteinander verbindet. Diesem Grünzug werden vielseitige Nutzungen zugeführt, wie z.b. Fuß- und Radwege. Er übernimmt auch als Stadtbiotop die Funktion einer Frischluftschneise.

b) Energieträger:

Integration von erneuerbaren, regenerativen Energien.
Gedanke der Überdachung gesamter gebündelter Infrastrukturbereiche mit Solar- und Photovoltaikelementen als Stromerzeuger. Weiterhin sollen Fernwärmeleitungen (Geothermie, Gas, Erdgas) in die Infrastrukturachse integriert werden. Die einzelnen Ortschaften sollen durch Anschlüsse an eine Fernwärmezentrale (BHKW - Blockheizkraftwerk) versorgt werden. Diese Fernwärmezentrale soll den Wärmebedarf aller Ortschaften decken.

c) Kommunikationsinfrastruktur:

Die neuesten Techniken (Datenbahnen, Rundfunk, Kabelanschluss, Telefon, Fax, etc.) sollen sich in dieser Achse wiederfinden und langfristig entwicklungsfähig sein, sowie an die einzelnen Ortschaften angeschlossen werden. Die gesamten Anschlüsse an Satelliten sollen sich in dieser Achse bündeln und nicht überall verstreut sein.

d) Technische Infrastruktur:

Auch die Müllentsorgung und Abwasserkanäle sollen großflächig in dieser Achse integriert sein. Auch hier sollen die Ortschaften nur kurze Anschlüsse bekommen. Die Ver- und Entsorgung darf nicht den Ortschaften überlassen werden, sondern muss auch in dieser Infrastrukturachse gelöst werden.

Ausblick über zukünftige Entwicklungen in der Infrastrukturachse

- Mit Hilfe der Infrastrukturachse wird eine disziplinierte geordnete Raumordnung, mit neuen Siedlungsstrukturen geschaffen, wodurch das Verhältnis zwischen
- Siedlungsräumen und Freiräumen einen Ausgleich findet. (Optimieren – Simulieren – Forschen – Einleiten)
- Großer Vorteil dieser Axialstruktur ist die Befreiung der Ortschaften vom heutigen Durchgangsverkehr.
- Die gesamte Infrastrukturachse stellt für den Münchener Norden eine Makroachse dar, welche übergeordnete Verhältnisse definiert.
- Der Zweck der Infrastrukturachse besteht darin, im gesamten Raum zwischen A99 und A92, einschließlich der Isarauen im Osten, eine Einheit zu schaffen.

- Sowohl verwaltungsmäßig, als auch politisch und wirtschaftlich soll dieser 'Neugeordnete Raum" als Einheit funktionieren, abgekoppelt von der Stadt München.
- Es besteht der Anspruch, daß die einzelnen Ortschaften innerhalb dieses Raumes selbständig bleiben, aber übergeordnet, in der Zukunft, in neuer Form zusammenwachsen; z.b. als Oberverwaltung "Stadt Münchner Norden" (selbständige Stadtform mit neuem Namen).
- **Das Gefühl, untereinander konkurrenzfähig sein zu müssen, soll abgeschafft werden**, weil Gemeinden auf Verwaltungs- und politischer Ebene kooperieren und zusammenarbeiten werden. Es wird auch eine übergeordnete gemeinsame Kasse geben.
- **Das ist Selbständigkeit = Nachhaltigkeit.**
- Der Flughafen München im Erdinger Moos soll mit zu diesem Raum gehören.
- **Die gesamten Kräfte, die den Raum zerstückeln, werden als Bündel zusammengeführt.**
- Die Ferneisenbahn von Dachau nach Ingolstadt soll langfristig an die neue Infrastrukturachse angepaßt werden und in Verbindung mit der A9 Richtung Ingolstadt einen neuen Anschluß bekommen.
- Die Fernbahn von Augsburg kommend Richtung München könnte über Karlsfeld parallel zur A99 und zur A92 an die neue Achse angeschlossen werden. Ferner könnte diese Fernbahn mit einer Kurve über Neufahrn - Halbergmoos - Erding - Richtung Salzburg (neue Infrastrukturachse östlich von München) erweitert werden. Die Bahnhöfe sollen im Außenbereich der Stadt liegen.
- Bahnhöfe der Zukunft zeichnen sich durch ganz neue Funktionen und Größendimensionen aus. Hier wird die Geschwindigkeit bestimmend sein. Bei ca. 400 km / h kann man keine Haltepunkte in den Ortschaften verantworten.
- Die Stadt München bekommt im untergeordneten Sinne Anschluß an diese Bahnhöfe.

"Grundprinzip der Planung ist es, ein städtebauliches Gesamtkonzept zu erarbeiten, in welchem nicht Entwicklungseinheiten (Quartiere und Gebäude) die Basis für eine Neuordnung der Umgebung sind. Vielmehr sollten natürliche Umwelt und die Gestaltung qualitätsvoller, erlebenswerter Freiräume Vorrang haben gegenüber der gebauten Umwelt" (Die axiale Strukturierung des Metropolitanen Raumes, S. Koca).

Ziel

-Das Ziel dieses Projekts besteht darin, eine Dichte zu erreichen, die großflächig in dieser Form für den Menschen nicht erträglich wäre. Durch die Achse wird diese Dichte aber konzentriert, so daß der Mensch die Möglichkeit hat, auf kurzem Wege diese Dichte zu verlassen bzw. ihr zu entfliehen. Bei einer flächigen Entwicklung hat der Mensch diese Möglichkeit nicht. Die Ausführung von Freiräumen auf der verdichteten Achse ist viel einfacher.

-Außer dem Bestand können auf der Achse auch viele weitere Funktionen (von Gewerbe bis Wohnen) leichter integriert werden.
-Menschliche Begegnungen und Zusammenkommen sollen hier geschaffen werden. Der Mensch hat automatisch einen Grund da zu sein; er soll seine Bedürfnisse wie Arbeiten, Wohnen oder Sonstiges hier erfüllen können. Es entsteht für den Menschen eine Begegnungsachse mit sich selbst.
-Diese Achse ist ein Reifeprozessfeld, auf dem der Mensch alles erlebt, sieht, ausführt, bekommt......

-Heutzutage genügt es nicht mehr, daß man sagt, daß das Wissen zu den Menschen kommen soll, sondern es muß ein Umfeld, eine Situation geschaffen werden, welche es ermöglicht, daß Wissen, Mensch und Geschehen zugleich stattfindet (Dreiecksfunktion als Basis).
-Der Mensch soll eine andere Atmosphäre bekommen. Dies nur durch Bauordnungen, mit denen eine bestimmte Dichte angestrebt wird, erreichen zu wollen, ist zu einseitig. Straßen- und Parzellierungsverhältnisse führen zu isolierten Entwicklungen.
-Der gesamte Siedlungscharakter soll eine neue Bezugsrichtung bekommen. Nach außen gerichtet, im Makrobereich soll die Siedlung ein Bezugspunkt sein. Der isolierte Ortschaftsbereich soll Impulse für neue Entwicklungen geben. Die Rückbesinnung zur Nachhaltigkeit bedeutet auch Selbständigkeit. Bei den üblichen flächenmäßigen Entwicklungen haben punktuelle Geschehen keinen Einfluss. Die bestehenden Verhältnisse werden nur weiter deformiert.

Vorgehensweise

Die Ausarbeitung, Planung und Umsetzung eines solchen umfassenden Projektes erfordert ein intensives Zusammenwirken aller Beteiligten: der Gemeinden, der Grundeigentümer, der Investoren, der Nutzer und der Planer.
Erster Schritt wäre die Zusammenfassung einzelner bestehender Bebauungspläne des Konzeptbereiches zu einem neuen Bebauungsplan sowie die Erarbeitung einer Gesamtplanung.
Um größere Bauabschnitte zu ermöglichen, ist es sinnvoller einzelne Grundstücke zusammenzufassen.
Auf Ebene der Raumentwicklungsplanung müßten notwendige Änderungen, wie z. B. Integration verschiedener baulicher Nutzungen und Funktionen des Zusammenlebens (Wohnen, Arbeiten, Freizeit) eingeleitet werden.
Einzelne Grundstücke sollten durch Optionen des Investors gesichert werden.
Das "Sich-Nähern" und Zusammenwachsen so unterschiedlicher Bereiche erfordert das Entwickeln neuer Konzepte im Sinne einer Qualitätsverbesserung, einer Belebung und Harmonisierung, einer Aufwertung von Lebensräumen - nicht nur im Sinne der ansässigen Bewohner, sondern auch der dort sich engagierenden Investoren, Nutzer und arbeitenden Menschen.

> "Nutzung moderner Technik zur Befreiung der Natur" lautet das Motto.
> Die Technik = die Geschwindigkeit = die Zukunft.
> Konventionelle Gesellschaften werden durch Technik überrollt. Sie haben keine Zukunft.

Zusammenfassende Beurteilung

Siedlungsdichte muss neu überdacht, überprüft und neu definiert werden.

Die einzelnen Funktionsbereiche dürfen keine isolierten Verhältnisse schaffen.

Ein natürlicher homogener Entwicklungsprozeß, sowie ein dynamisches Verhalten muß in der Achse eingeleitet werden. Die Dynamik entwickelt sich hierbei aus den neu zu definierenden, zukunftsorientierten Ansätzen als Lebensmittelpunkt und durch den Einsatz neuester Techniken.

Die Entwicklung darf nicht einseitig nur für einen Ort stattfinden.

Schlussfolgerungen für neue Ansätze

➢ So wie die beschriebene Macro-Achse im Münchner Norden überregionale Entwicklungen anstoßen wird, könnte z.b. eine Infrastrukturachse, von Salzburg über München, Augsburg, Ulm, Stuttgart (eventuell weiter in Richtung Paris, London) kommend, grenzüberschreitende Entwicklungen auf europäischer Ebene einleiten.

➢ Die West - Ost Achse soll sich nicht an einer geraden Linie, sondern an der Funktionsfähigkeit der Infrastruktur -Transport, Kommunikation, Energie -orientieren.

➢ Die Komprimierung der gesamten Infrastruktur auf einer Achse ist die Idee einer günstigeren, zukunftsfähigeren Entwicklung.

➢ Es sollen weiterhin auch Zusammenhänge zwischen historischen Gebieten geschaffen werden.

➢ Die Metropolen werden auf eine dynamische Achse verlagert.

➢ Betrachtet man den sozialen Aspekt, so wird bei der regionalen Entwicklung nur ein geschlossener Menschenkreis einbezogen. Bei den neuen Ansätzen geht es jedoch um freie interaktive Bewegungen. Offene soziale Verhältnisse werden aufgebaut.

Urbane Siedlunginnovationen

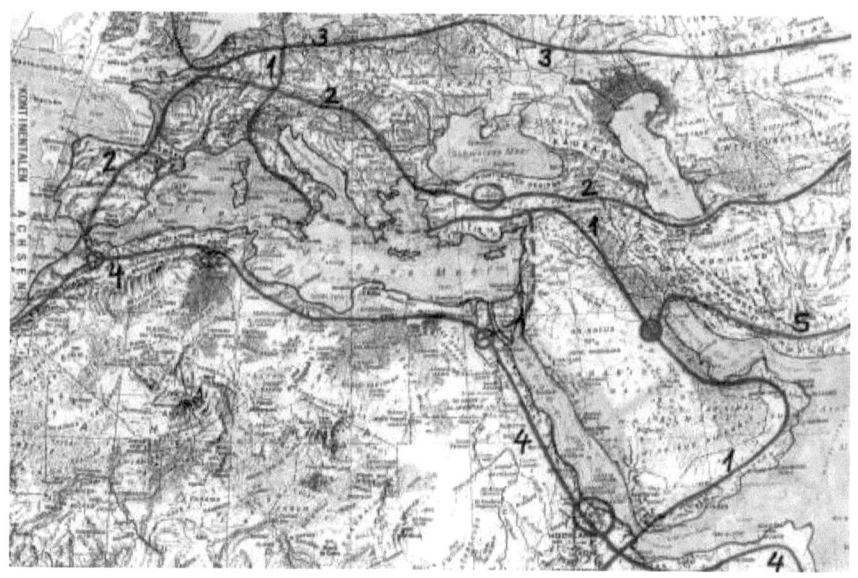

Abb. 64 Die Entwicklung Infrastrukturachsen auf Kontinentalenebene als Beispiel im Mittelmeerraum und Mittelostraum (Koca 2000)

Abb.65 Konzept für Medizinfakultät und Universitätskarankenhaus als Bausteine für Siedlungsentwicklung in Diwaniyah-Iraq (Klimabedingtes Konzept)

Teil III

INTEGRATION EINES KOMMUNALEN AGENDAPROZESSES

Begriff Agenda

Der Mensch versucht durch die Agenda für sich eine Basiserklärung in geistiger und physischer Hinsicht zu finden. Er nimmt sich vor, untersucht, überprüft und führt aus im Sinne eines Lernprozesses.

Es ist notwendig, ein Gefühl zu vermitteln, welches die Seele, Körper und Geist der Menschen in Einklang bringen soll, damit alle Menschen untereinander kommunikationsfähig sind. Dafür ist der Agenda-Prozeß notwendig.

Agenda 21 auf Weltebene

Keine Terminierung für die Zukunft. Schaffung von Verständnis, einer Orientierungshilfe, einer Basis.

Seit wir mit der Agenda konfrontiert sind, müssen wir von der Agendadefinition ausgehend, leitlinienmäßige Impulse schaffen und weltweit unter der Agenda 21 eine gemeinsame Basis definieren.

Die Agenda 21 soll eine Plattform sein, auf der die weltweite Koordinierung des Agenda-Prozesses freiwillig und politisch unabhängig möglich ist. (siehe "The Living Planet Report", Oktober1998, www.liwingplanet.org)

Agenda 21 auf lokaler Ebene

Das bestehendes Wirtschafts- und Lebenssystem widerspricht den Menschen. Dieses System entwickelte sich nur aus dem Grundsatz " konkurrenzfähig zu sein"; die Industrialisierung der letzten zwei Jahrhunderte spielte hierbei eine wesentliche Rolle.

Die daraus resultierende Folge ist die "Vernichtung des ganzen Inhalts und der Zusammenhänge des Lebens". Hier findet die Agenda 21 auf Gemeindeebene ihre Aufgaben, wie z.B. Entwicklung der Wahrnehmung bei den Menschen.

Jene Institutionen, die zur Isolierung des Menschen geführt haben, müssen zusammen kommen, denn unter Isolierung kann so ein Prozess nicht entstehen. Alle Institutionen auf Gemeindeebene, im Sinne der oben definierten Agenda - Inhalte müssen zusammenarbeiten.

Agenda 21 - Sekretariat / Umsetzungsteam

Für die Integration eines kommunalen Agenda Prozesses in einer Kommune stellt ein Agenda Sekretariat den Knotenpunkt für Organisation, Entwicklung und Umsetzung dar.

> Die Inhalte des Agenda Sekretariats 21, wie auch für die Gemeinden vorgeschlagen, sollen eine Einleitung zur Entwicklung zukünftiger Lebensformen sein.

Form und Ziel

Das Agenda Sekretariat 21, als interaktive Koordinierungs- und Kooperationsstelle, sollte im Sinne einer NGO (Non – Governmental – Organisation = Nicht – Regierungsorganisationen) funktionieren.

Es soll ein Gegenpol zur Gemeindeverwaltung und Gemeindepolitik sein und eine direkte Anlaufstelle für die Bevölkerung.

Das Agenda Sekretariat verfolgt kein politisches Ziel, sondern hat den Weltmenschen als Ausgangsbasis. Von den Bürgern ausgehend wird eine Zusammenarbeit mit der Gemeindeverwaltung und allen Institutionen und Organisationen auf kommunaler und nicht kommunaler Ebene angestrebt.

Ziel ist, eine Plattform für die Zukunft zu schaffen, auf der die geistige Entwicklung des Menschen mit der Technik in Einklang gebracht wird.

Es sollen, von kleinen Bereichen wie Kommunen, Gruppierungen, Bürgern ausgehend zur gesamten Weltebene, Brücken gebaut werden im Sinne einer Weltphilosophie des Lebens.

Für das Agenda Sekretariat soll eine Legitimationsform unter den bestehenden Formen wie z.B. e.V., GmbH oder eine neue Legitimationsform gefunden werden.

Das Agenda Sekretariat soll Einfluß nehmen auf die zukünftige politische Kultur. Es soll keine Konflikte und Konkurrenz geben, sondern Kooperation und gemeinsame Entwicklung.

Aufgaben

Das Agenda Sekretariat übernimmt Aufgaben aus dem gesamten Bereich des Lebens. Hier stehen keine Vertreter der Bürger im Vordergrund, sondern die Bürger selber.

Das Agenda Sekretariat hat hier die Aufgabe eine Anlaufstelle für die Bürger zu schaffen. Es soll eine Art "Begegnungshaus" entstehen, welches die Aufgabe hat, einzelne Bürger über heutige und vergangene Realität aufzuklären und ihre Wahrnehmung entsprechend zu beeinflussen.

Leitlinien der Zusammenarbeit sollen definiert werden.

Die vielfältige Farbengestalt der Kulturen soll aufgenommen werden und für die Gesamtentwicklung genutzt werden.

Ausführung

Das Agenda Sekretariat 21 hat eine unbegrenzte Aufgabenvielfalt: Denkanstöße geben und Bürger bei verschiedenen Aktionen beteiligen, Bildung und Erfahrung entwickeln und durch konkrete Projekte auf kommunaler und weltmenschlicher Ebene Kooperationen schaffen. Es soll versucht werden, den Bürger zu einem bewußteren Leben anzuleiten. Jedes menschliche Wesen soll wissen, was um es herum passiert. Die naturgegebene Weltordnung und die vom Menschen veranlaßte Entwicklung sollen beide in Einklang gebracht und dem Einzelnen vermittelt werden.

Die vom Menschen veranlaßten Entwicklungen sollen zur Kenntnis gebracht werden, um für die Zukunft richtungsweisend neue Erklärungen zu schaffen.

Fazit

Der entscheidende Punkt ist, daß der Mensch wissen muß wo er steht, wo seine Grenzen sind, welche Verantwortung er trägt und welche Aufgaben er zu erfüllen hat.
Das Hauptziel ist, mit der Natur im Einklang zu leben.

AGENDA-PROZESS

Agenda - Begriff
- Agenda als Findungsprozess des Menschen in geistiger und physischer Hinsicht
- Kommunikationsfähigkeit der Menschen untereinander und mit der Umwelt

Agenda 21 auf Weltebene
- Schaffung von Leitimpulsen und Definition einer weltweit gültigen gemeinsamen Basis ohne politische Abhängigkeiten
  > Keine Terminierung für die Zukunft
  > Schaffung von Verständnis
  > Orientierungshilfe

Agenda 21 auf lokaler Ebene
- Bestehendes, nur auf Konkurrenz ausgerichtetes Wirtschafts- und Lebenssystem widerspricht den Menschen
  > Vernichtung der Inhalte und der Zusammenhänge des Lebens
- Ziel ist eine selbständig funktionierende Einheit, die das Stadtbild zukunftsweisend ergänzen soll
- Vernetzung und Zusammenarbeit aller Institutionen auf Gemeindeebene

Agenda 21 Sekretariat / Umsetzungsteam
- Interaktive Koordinierungs- und Kooperationsstelle
- Gegenpol zur Gemeindeverwaltung und Gemeindepolitik; direkte Anlaufstelle für die Bevölkerung

Aufgaben
- Einflussnahme auf die zukünftige politische Kultur unter den Gesichtspunkten Kooperation und gemeinsame Entwicklung.
- Definition von Leitlinien für die Zusammenarbeit
- Aufklärung, Information und Sensibilisierung der einzelnen Bürger im Rahmen der Nachhaltigkeit
- Denkanstöße geben, Einbindung der Bürger bei verschiedenen Aktionen
- Schaffung von Kooperationen durch Entwicklung konkreter Projekte

Fazit
- Mensch muss wieder lernen wo er steht, wo seine Grenzen sind, welche Verantwortung er trägt und welche Aufgaben er zu erfüllen hat

Abb. 66a – Agendaprozess

Abb. 66b-c-d   Konzepte . Projekte als Bausteine für die Urban-Siedlungsentwicklungen

Teil IV

PERSPEKTIVEN FÜR DIE SIEDLUNGSINNOVATION

Der Mensch hat seine erste Haut als Geschenk bekommen, welche sein Leben wahrnehmend, schützend und aufbauend richtet.
Seine zweite Haut ist seine Siedlung, welche er über die Wahrnehmungen seiner ersten Haut aufbauend entwickeln sollte.
Architektur ist keine Kunst, sondern hauptsächlich eine Raumentwicklung für die Siedlungen (Hülle – Bau) als zweite Haut für die Menschen. Ist daher anonym.
Wenn wir zurück blicken ab Bosporus Richtung Osten bis China, waren auch diese Entwicklungen einfach und anonym, unkompliziert. Daher wurden bei dieser Arbeit besonders die während der letzten dreitausend Jahren bis zur Gegenwart von den Europäern veranlasste / mitgetragene Entwicklungen im Siedlungswesen als historischer Hintergrund aufgezeigt. Architektur ist hier im wesentlichen kunst- und machtorientiert.

Habitat II im Juni 1996 in Istanbul hat wieder gezeigt, daß das Siedlungswesen in verschiedenen Entwicklungsebenen nach den Bedürfnissen der Europäer orientiert und festgelegt werden sollte.
Solch ein Abschlussdokument kann aber nicht unbedingt positiv angenommen werden. Ein Punkt im Habitat II – Dokument heißt „jeder hat das Recht auf eine angemessene Wohnung".
Solange aber die Architektur als Kunst und Hauptgeschäftsfeld im Leben des Menschen bleibt, kann es dies nicht geben. Der Mensch muß sein hauptgeschäftliches Treiben neu definieren, wenn er überhaupt seine zweite Haut retten und positiv aufbauen will, um lebensfähig bleiben zu können.

Ein zweiter Punkt von Habitat II sagt, daß die Städte und Gemeinden (Lokale Lebensebene – NGO / Nicht - Regierungsorganisationen) gleichberechtigte Konferenzpartner und gleichzeitig ausführende Kräfte sind.
Sie sollen in der Zukunft selber die Entwicklungen in die Hand nehmen, sowie die Einflüsse der Politiker und Finanzmächte abbauen.
Hier für die Zukunft ‚Fürstentümer = Föderalismus = Regionalpolitik' hat keinen Platz. Man soll solange es keine ‚Sektenhaften Gedanken' sind, frei sein für alle Gedanken, um die Gedanken herum sich zusammenschließen.
Der folgende Wortlaut „Zeigen Sie Ihrem Gegenüber wer Er ist, dann erkennt Er, wer Sie sind" gilt für alle und auf allen Ebenen, weil es immer nur vom ausgehenden zurückkommend sein kann.
Hier ist im Jahr 2000 kurz zu erwähnen, daß im Labor von Dr. Lijung Wang an der Universität Princeton anhand von Versuchen gezeigt wurde, daß es eine Geschwindigkeit 300 mal schneller als die Lichtgeschwindigkeit gibt. Das heißt, das Ende kommt vor dem Anfang.

Die Lösung der Probleme des Siedlungswesens liegt in den Kindergärten.

Das Bewusstsein des Menschen muß bereits im frühen Kindesalter dahingehend erweitert werden, daß er die (Außen-) Welt als seine eigene wahrnimmt. Dementsprechend muß der Mensch ein Gefühl von der Welt als ein Ganzes empfinden.
Nach diesem Gesichtspunkt sollte er seine Behausung schaffen und sein Umfeld ordnen.
Für den Menschen in der Zukunft, gilt es von der Ebene seiner lokalen Heimat, in eine andere, ganzheitliche Ebene – zum Weltbürger – empor zu steigen.
Egal in welchem Land der zukünftige Mensch leben wird, er darf auf keinen Fall das Gefühl von einer lokalen Begrenzung seines Wesens bekommen. Vielmehr muß er sich überall, wo er auf die Welt kommt, wohin er immigriert etc. in der einen Heimat , der Welt, zu Hause fühlen. Deshalb dürfen Eltern und Erzieher in den Kindergärten nicht den Fehler machen, zwischen „wir" und „die anderen" zu unterscheiden (in jeden Kindergarten gehört ein Globus, den die Kinder bereits am ersten Tag sehen und auch damit spielen können sollten).

Anspruch und Wirklichkeit im Widerstreit

Anspruch: Wissenschaftler, Intellektuelle müssen die Sache in die Hand nehmen.
Wirklichkeit: Politische Klassen die alles degenerieren.
Widerstreit zwischen beiden.
Wie können sie zusammenarbeiten?

Umsetzung als Herausforderung

Die Kommunikation und die Haltung einzelner Gruppierungen ist wichtig für die Umsetzung.
Die Siedlungseinheiten sollen einen neuen Inhalt bekommen.
Die Herausforderung liegt nicht nur im Gebäude bauen.
Große Geschäfte machen wird nicht zugelassen.
Das zukünftige Weltbild der Siedlungen ist dichter, komprimierter gebaut.

Schlussfolgerung

Weinen und Lachen gibt dem Leben Inhalt.

Am Anfang dieser Arbeit steht der Versuch die letzten 3000 Jahre unter die Lupe zu nehmen, weil sie für das menschliche Siedlungswesen entscheidend sind. Denn in der gesamten Welt ist alles sehr primitiv abgelaufen. Dagegen gibt es viele asiatische, u.a. auch chinesische, japanische, türkische (selcukische - osmanische) Wohn- und Lebensformen, die ziemlich offene Verhältnisse darstellen und das Zusammenleben vieler Generationen unter einem Dach ermöglichen. Diese Art von Siedlungswesen und Lebensphilosophie sind in unserer heutigen Welt leider fast ganz zum Verschwinden verurteilt.

Wie aber könnte die heutige Welt aussehen, würde man den Wunsch verspüren einen Augenblick nachzudenken und jene Lebensart gegenüber der heutigen in Betracht ziehen? Wenn diese Lebensformen weiter erhalten geblieben wären, dann hätten wir im heutigen Siedlungswesen andere Verhältnisse.

Viele in Vergessenheit geratene asiatische Philosophien werden heute im europäischen Raum von bestimmten Menschengruppen endlich ernstgenommen und zur Ausübung in Betracht gezogen. Zum Beispiel wird in den letzten Jahren viel über ‚Feng - shui' gesprochen.

Es ist sicherlich eine erfreuliche Entwicklung, daß diese Philosophien von westlich geprägten Menschen als Neuorientierung gesehen werden.

Auf anderer Seite gibt es jedoch auch viele bedauerliche Entwicklungen.

Zum Beispiel wurde bei der Habitat II im Juni 1996 am Bosporus eine schöne Ausstellung organisiert, bei der auch Chinesen neue Entwicklungsprojekte ausgestellt hatten. Es waren aber eher schlechte Kopien von Großobjekten, wie sie im europäischen Raum schon oft gebaut wurden, obwohl heute dort kein Mensch wohnen will. Diese Kopien, die in erster Linie von den Europäern eingeleitet werden, führen zur Vernichtung der traditionellen Lebensformen.

Auf der einen Seite steht also diese neue Lebensart der Intellektuellen in Europa gegenüber den Geschehnissen bzw. der ‚Europäisierung' des asiatischen Raumes.

Man sieht, daß die Menschen noch nicht fähig sind, die Entwicklungen auf der Welt entsprechend nachzuvollziehen, was sehr bedauerlich ist. Trotzdem spricht in letzter Zeit jeder von Globalisierung. Die Annahme schlechter Kopien zeugt jedoch von schlechter Kommunikation, von schlechten Entwicklungen im geistigen Bereich, die einen Überblick nicht mehr ermöglichen. Es wird praktisch eine unkontrollierbare Dynamik durch Technik und Kapital vorangetrieben, welche uns ohne Grundsätze und Ordnung zu einem Chaos führen kann.

Negative Entwicklungen und keine schönen Perspektiven! Bleibt dem Menschen nur der eine Weg: alles positiv zu haben!

Der Kreislauf bleibt bestehen, auch wenn alles untergeht.

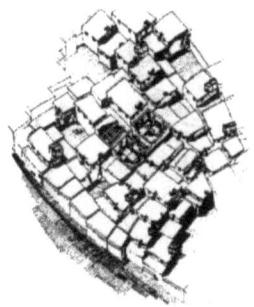

Es ist positiv. Was negativ ist, ist negativ und doch schon wieder positiv.

Was man im Leben erreicht hat,
ist nicht wichtig,
wichtig ist,
was man erreicht haben wollte,
wenn man es weiß.

Abb. 67a: Catal-Höyük als Beispiel
erster Siedlungsformen
(Mine Soysal, Hazirlayan: Konut Ve
Yerlesmenin Öyküsü, Tarihten
Günümüze Anadolu'da)

• *Vergangenheit = Zukunft*
• *Anfang = Ende*
• *Diese Siedlung zeigt menschliche Dichte und Wärme*

Urbane Siedlunginnovationen

Abb.67 b-c-d
Urban Development auf 300 ha. Gelände mit 5.000.000 Mio m2 GF-Geschossfläche Entwicklung Stadtstruktur und Stadtachse zukunftfähige Stadtentwicklung Diwaniyah-Irak

Conference Real Corp Vienna 08, 17 / 21 . May.2008 in Vienna
Conference "InformationFusion&GeographicSystemIF&GIS'09" May.2009St.Petersburg

MENSCHENGERECHTE SIEDLUNGEN
NEUORDNUNG, GESELLSCHAFT, WIRTSCHAFT, POLITIK
Meine(Grund) Philosophie – VISION

Vision ist die Farbe zum Leben, die man aus der Zukunft holt und für das Heute aufbaut.
Impulse = Arbeit   -   Image = Geld (noch)
Das Wasser fließt und bestimmt seinen Weg selbst: entweder es vernichtet oder es ist nützlich.

1.0   EINFÜHRUNG
Die Vision: Die Zukunft wird durch Seelenaugen gesehen und das Heute wird erlebt. Die Erlebnisse der Visionen und des Jetzt sind zusammenzuführen, zu leben, zu teilen und zu verbinden.
Heute :   Das Image, d.h. Geld und Profit werden benutzt, um größte Rendite zu erzielen. Impulse, d.h. Arbeit zum Gelderwerb steht im Vordergrund. Das Geld wird immer wieder eingesetzt um es zu vermehren.
Spiele sind erlaubt als Börsen- und Aktienspektake l. Es sind die Pokerspiele weltweit für wenige Herren. Unsere gesamte Weltexistenz wird damit verspielt. Für die Lebens-basis schaffende Beschäftigung weltweit fehlt dadurch das Geld. Die Basis für unser „täglich Brot" – gemeint ist die körperliche und geistige Versorgung und Entwicklung – wird damit blockiert und zerstört. Menschen werden massenweise zum (Ver)Hungern verurteilt.
Wenn in dieser Welt alles ein Spiel sein sollte - warum aber nur für einige wenige skrupellose Menschen auf der Grundlage des Lebensexistenz für alle?
"Es wird eine unkontrollierte Dynamik durch Technik und Kapital vorangetrieben, welche uns ohne Grundsätze und Ordnung zu einem Chaos führen kann. Die Globalisierung muss das verhindern und sich nicht von Kapital, sondern durch Wissen leiten lassen." *

Rückblick
-Fehlerquellen des heutigen Siedlungswesens und die Antworten darauf sind in den Entwicklungen der letzten 3000 Jahre zu suchen.
-Beispiel Mexico City: Vorher ökologisch aufgebaute Lagunenstadt, eingebunden in den Kreislauf. Heute stellt sie eine aufgefüllte und versteinerte Oberfläche dar.

Anfang der Neuzeit
-Beginn der Industriezeit: Entwicklung gegenüber dem menschlichen Tagesablauf kontinuierlich gesteigert und wurde zum Störfaktor.
-Neue Einteilung bzw. Trennung in Zukunft notwendig: Vorindustriezeit - Industriezeit - Nachindustriezeit.

Gegenwart
-Abgeschlossene Form, die v.a. material- und zeitbegrenzt definiert wird. Feste Formen, Materialien, Flächenverbrauch und Techniken stehen im Vordergrund: Folgen hieraus sind eine Umwelt, die dem menschlichen Entwicklungsablauf nicht entspricht mit zahlreichen negativen Wirkungen wie z.B. Verhaltensstörungen.
-Massiver Flächenverbrauch durch Siedlungen: mehrfacher Verbrauch an weiteren Flächen als Folge ("ökologischer Fußabdruck").
Grundlegende Überlegungen und Neuorientierung aus ethischer, soziologischer und ökonomischer Sicht notwendig.

Zukünftige Orientierung
-Neue inhaltliche Definition für das Siedlungswesen: Mensch muss über seine Hülle (=Räumlichkeit in abgeschlossener Form) Ausgleich und Anbindung an seine Außenwelt erfahren.
-Form der Hülle darf nicht material- oder zeitbegrenzend sein, sondern muss zeitlose und freie Raumverhältnisse im Gesamten schaffen.

Source: P. Testemale 1995

Das erste Zelt = Zentrum umgebende Zelte = Zentralorientirte Stadt, Zentrale Siedlungspolitik und Vernetzung alle Zelte zu einem globalen Welt-Zeltdorf sind als Siedlungen entstanden. Die Erdkräfte, das Lebewesen die Erde selbst sind hier nicht genügend und vorsichtige Behandlung erfahren und völlig ausgenutzt. Der Mensch glaubt noch und weiß davon nicht dass er in dieser Welt allein lebt.

"Grundprinzip der Planung ist es, ein städtebauliches Gesamtkonzept zu erarbeiten, in welchem nicht Entwicklungseinheiten (Quartiere und Gebäude) die Basis für eine Neuordnung der Umgebung sind; vielmehr sollten die natürliche Umwelt und die Gestaltung qualitätsvoller, erlebenswerter Freiräume Vorrang gegenüber der gebauten Umwelt haben." *

"Ein Kreislauf bleibt bestehen, selbst wenn alles andere untergeht."

"Was man im Leben erreicht hat ist nicht wichtig; wichtig ist, was man erreicht haben wollte, wenn man es weiß."

> **Historischer Siedlungsbestand**: Vernetzung der einzelnen Punkte sind Vernichtung.
> *Konkurrenzfähigkeit ist keine Grundlage für positiven Lebensentwicklung*
> Statische zentrale spinnennetzartige Entwicklung als Bestand. Hier entstehen nach dem Prinzip der **"Lückenfüllung"** neue auf sich selbst bezogene Strukturen... gleich einem Vulkan zum Explodieren.
> **Siedlungszukunft**: **Bestimmung** funktionaler Infrastrukturachsen als Rückgrat des Lebens und der Entwicklung. **
> Mobilität auf der Achse durch Massenbewegung und Vielseitigkeit.
> Raumleitlinie der Zukunft: Raum u. Ordnung als Instrument der Freiflächenentwicklung, nicht der grenzenlosen Bebauung

2.0 VISION UND HANDELN – Siedlungswesen in der Zukunft

Wie sehen künftig unsere Siedlungen aus? Wie werden die Menschen darin leben? - Diese Fragen werden uns immer beschäftigen und wir müssen immer bestrebt sein innovative Antworten hierauf zu finden.

Gibt es überhaupt noch eine Zukunft für unsere Siedlungen und die darin lebenden Menschen? Führen die gegenwärtig zentral entwickelten Siedlungen mit all ihren Umwelt- und Verkehrsproblemen nicht zur Unmenschlichkeit, indem sie "Einheitsmenschen" wie aus einem Fließband produzieren?

Wir wollen die angesprochenen Probleme lösen, indem wir zukunftsorientierte Siedlungskonzepte entwerfen: die Menschen sollen dabei im Mittelpunkt stehen, gemeinschaftlich zur Entwicklung beitragen und die eigene Umgebung durch ihre Mitarbeit prägen.

Unseren Vorstellungen nach sollen die Siedlungen von Grund auf eine Neuorganisation erfahren: keine Entstehung von zentral entwickelten, statischen Strukturen mehr, sondern Neuentwicklungen im Sinne linear tragender Siedlungsachsen, die eine positive Zukunft für die Menschen gewährleisten.

"Tragende Kräfte" sind hier - wie man es heute vielleicht vermuten könnte - KEINE Autos und Straßen. Tragkräfte sind vielmehr eine Einheit aus Massenmobilität, Energierückgewinnung und Kommunikationstechnologien. Tragkräfte werden mit Hilfe innovativer Wissensbasis für die Zukunft entwickelt und realisiert. Eine ständige Selbstentwicklung muss bei diesen Entwicklungen vorhanden sein, um ihre Selbständigkeit und damit ihre Nachhaltigkeit zu sichern.

Vision für die Stadt ist das Konzept einer "Grünen Stadtachse", die nicht nur auf ein Gelände bezogen ist, sondern auf die gesamte Stadt mit den Inhalten und der Sichtweise einer regionalen und überregionalen Vernetzung.

Im Rahmen einer Gesamtentwicklung muss regional, international und global gedacht und gehandelt werden. Als erstes müssen hierbei die "tragenden Kräfte" für die strukturelle Entwicklung definiert werden, da sie Grundlage für die gesamte Entwicklung sind. Deswegen muss die Funktionalität dieser Kräfte gegeben sein. Die Siedlungen sind auch Lebewesen, die nach Geomantieregeln (Erdkräften) neu organisiert werden müssen.

Abb 68

Abbild : Infrastrukturachsen und Gemeindegrenzen - unzählige feudale Herren in ihrem Spinnennetz, ein System zum Untergang verurteilt (Koca 1995-2000)
*Axiale Ent- wicklung als Raumleitlinie der Zukunft – Kontinentalachsen***
Flughafen als Knotenpunkt - Infrastruktur , aller Mobilitätssysteme Flug-Bahn-Bus-Hafen
Landesentwicklungsachse „Millenniumbogen – Großraum München" Verlauf durch das Bundesland Bayern parallel zu den Alpen konzipiert als **grenzüberschreitende „Tragende Kraft"** für **Massenmobilität, Kommunikation und Grundinfrastrukturen.**

Bericht in der Süddeutsche Zeitung,über Infrastrukturachse und Fehlentwicklungen in der Stadtgeschichte von und über Dr.Koca , 14/15/16.April.2001)

°"**Der Mensch hat seine "erste" Haut als Geschenk bekommen**; sie ermöglicht das Leben der Menschen überhaupt und dient ihnen zum unmittelbaren Schutz. Die "**zweite**" **Haut der Menschen sind ihre Siedlungen, welche unter Berücksichtigung ihrer ersten Haut konzipiert und errichtet werden sollten**...

Unglückerweise wurde die architektonische Entwicklung der menschlichen Siedlungen von Beginn an überwiegend nur unter dem Aspekt der **Errichtung von Kunstobjekten wahrgenommen**. *Diese baugeschichtliche Entwicklung ist jedoch irreführend, da Architektur keine Kunst, sondern hauptsächlich als bedarfsgerechte raumwirksame Siedlungsentwicklung verstanden werden sollte.*" *

Der Mensch ist als Person demontiert. Wenn nur Individualisten sind und Personen im Vordergrund stehen, wie soll es gehen zusammen zu leben? Ein Sternenhaufen ist bescheiden bis in die Ewigkeit... Einzelne wollen Supernova sein, sind sie dazu fähig? Bedeutet aber Supernova zu sein, nicht das eigene Ende selbst zu beschließen?

Offen sein für neue Ideen, dafür arbeiten zu wollen und zu können ... Die Ideen tragen das Dach des Lebens. Die Ideen bestimmen unser Leben ... Das Leben ist der Morgen der Zukunft. Gibt es einen Anfang, ein Ende ... oder ist der Anfang zugleich das Ende?

Im Bündel mit allem führt es zur Gesamtheit, bestehend aus der Verbindung von Selbstständigkeit, Dauerhaftigkeit und Nachhaltigkeit. Alle drei Bestandteile bedingen sich unmittelbar gegenseitig.

Im Gegensatz dazu stellt der Verbrauch, auch ein Verlangsamter, weitere Ausbeutung dar. Damit ist keine Schonung und auch keine Nachhaltigkeit gegeben.

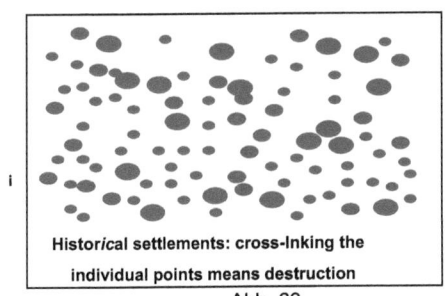

Historical settlements: cross-Inking the individual points means destruction

Abb. 69

Future settlements: sustainable development due to axial design of settlements

abb. 70

3.0 DIE ERDE HAT

Kräfte-Zentren, - Kräfte-Achsen , - Kraft-Punkte und die Erdweissagungen . Im GIS, dem Geologischen Informations-System fehlt bisher die Geomantie, die als Wissenschaft der Erdweissagungen für den Weltfrieden sehr wichtig ist. Diese Geomantie wird GIS zukünftig im Vordergrund zu beachten haben. GIS = Geomantie = Erde + Mensch + Spirit = Die Welt.

Wie man weiß, war bei den alten Arabern und Chinesen Geomantie als Kunst und Wissenschaft des Orakels (Asiatisches Wissen) verbreitet und bekannt. Aus natürlichen Erdformationen (Flussverläufen, Berg- und Hügelformen, Wälder u.a.), bestimmten Punkten und Linien des Erdbodens wurde die günstigste Lage für Siedlungen, Kult- und Grabstätten erkundet und danach erbaut. Auch im früheren europäischen Gebiet waren Informationen dieser Art nicht völlig unbekannt.

Mit Anfang der Renessaince in Europa begann durch Reichtum die weltweite Ausbeutung der Erde und führte zur völligen Verschüttung und Vernichtung dieses Wissens.

Das Industriezeitalter verschärfte diese Entwicklungen erheblich und beschleunigte die negative Siedlungsentwicklung in der ganzen Welt. Wir finden dadurch heute ***durch Europäer veranlaßte eine Strukturentwicklung***, die zu unkontrollierter Bebauung und zu einer zubetonierten Welt-Oberfläche geführt hat.

Geomantie macht deutlich, dass es sich nicht allein um bestimmte materielle Formen auf dieser Welt handelt. Sie führt vielmehr zu einer **Verbindung aller (auch aller geistigen) Ebenen des Lebens und der Kräfte**. Es ist sinnvoll und ab sofort zukünftig unbedingt notwendig diese Verbindung für den weiteren Aufbau von Gesellschaft und menschlichem Zusammenleben zu nutzen.

Die Gesetzmäßigkeit; eingeleitet aus der Natur, der Mensch ist ein Produkt der Schöpfung. Der Geist sitzt im Hinterkopf und wird seine Entwicklungen fortsetzen. Wenn alles in dieser Welt ein Spiel sein sollte, der Geist wird spielend lernen und sich für das Nächste vorbereiten. Alles was wir machen, zählt dafür und der Zweck sollte für die weitere gute-positive Entwicklung sein müssen. Alles besteht aus der Energie in verschiedene Formen. Die Energie ist ewig, wird in die Weite, Unendliche fließen

Die Spinne hat sein Spinnennetz und baut nur aus seinem Mundwasser. Der Netz ist überall gleich aufgezogen. Sie baut es einfach in die Luft bis ins Unendliche und wird schließlich an seinem Netz hängend sterben. Hier fehlt die strukturelle Grundsatzfrage-Antwort. Es gibt die richtige Antwort, wenn die Frage stimmt. Diese haben die Entscheidungsträger hier bei den Siedlungsentwicklungen weltweit nicht verstanden, sie werden auch nicht verstehen.

Meine Vision ist, dass die Entwicklung von Siedlungen unter Berücksichtigung aller weltlichen und spirituellen Kräfte zu einem neuen, rücksichtvollen Zusammenleben und zu einer friedvollen Einheit von Mensch und Welt führen wird.

Die heutige menschliche reale Welt mit ihrer Sucht und Gier nach mehr Geld **kann sich wandeln in eine Welt, die im Einklang mit den höheren Wesen der göttlichen Ewigkeit steht. Damit kann Frieden auf diese Welt einziehen.**

SCHLUSSFOLGERUNG

Durch neu definierte menschen- und lebensgerechte Siedlungen werden und müssen wir in der Lage sein, die einfache globale Weltordnung aufrecht zu erhalten. Wir müssen unsere menschliche Gesellschaft, Wirtschaft, Politik (Verhaltensweise), Technologie neu ordnen. D.h. wir brauchen eine grundsätzlich neue Philosophie der Technologie sowie einer gesamten Neuordnung.

*Zwei bedeutende Aspekte haben in der historischen frühen Entwicklungsphase mit **innovativer negativer Einwirkung auf die heutige Siedlungsentwicklung** in Europa und durch Europa der Welt sehr großes Einfluss gehabt.

1-philosophische Schulen:
>.die Platoniker (427 – 347 v. Chr.), *Gott als schaffendes Prinzip*
> die Aristoteliker (384 – 322 v. Chr.), *Gott ist nicht ein Gestalter. Es gibt zwei Arten von Bewegung: die gewaltsame Bewegung und die natürliche Bewegung.*
>.die Stoiker (335 – 262 v. Chr.), *Gott ist ein Körper, weil nur Gleiches auf Gleiches einwirken kann. Die Willensfreiheit als Wahlfreiheit.*
>.die Epikureer (342 – 271 v. Chr.), *Die Lust ist das einzige Gut im Leben des Menschen.*
>.Platonismus (206 – 266 n. Chr.) *Der Mensch ist auf der Flucht aus dieser Welt. Er will sich Gott angleichen.*

2- der Vitruv, Zehn Bücher über Architektur
>.Verfassung im Jahr 17. v. Chr., Übersetzung im Mittelalter (15. Jh.);
>.Einwirkungen auf die Architektur bis heute
>.Bauformen sollen von der menschlichen Gestalt abgeleitet und genormt werden. Bauwerk als reine Kunst (Vollkommenheit und Gottähnlichkeit).

Diese negative Einflusse und die Wirkungen müssen wir neu umarbeiten und zum Ausgleich bringen, damit der naturlichen Kreislauf der Welt und der Erde nichts mehr zerstört werden darf.

LIFE TREE - DEVELOPMENT

The Spatial Planning - The Spaces Development
Die Raumordnung - Die Raumentwicklung-The Country Development

Die Erde	The Earth	Die Erde – Trocken	The Earth - Dry
Das Wasser	The Water	Kein Wasser	No Water
Die Pflanzen	The Plants	Keine Pflanzen	No Plants
Die Luft	The Air	Keine Luft	No Air
DAS LEBEN	THE LIFE	KEIN LEBEN	NO LIFE

Urbane Siedlunginnovationen

Flughafen als Knotenpunkt
Konzept für den ganzen Münchner Norden
Architekt Koca hat bisher den Ausbau von Hollern-Süd und -Nord für Unterschleißheim geplant

Von Walter Gierlich

Unterschleißheim ■ In Unterschleißheim ist der Architekt Sitki Koca bekannt, weil er im Auftrag der damaligen Gemeinde ein Plangutachten für die Entwicklung des Ortsteils Hollern erstellt hat. In seiner Dissertation über urbane Siedlungsinnovationen (siehe Kasten) erwähnt der Planer dieses Konzept – als Teil einer Infrastrukturachse für den Münchner Norden von Feldmoching bis zum Flughafen.

Das Büro Koca + Schnee legte 1995 und 1996 Konzepte zur strukturellen Entwicklung der Gebiete Hollern-Nord und -Süd vor, die von den Gemeinderäten als Grundlage für die weitere Planung angefordert worden waren. Koca hat das Projekt Hollern stets als Teil einer Gesamtentwicklung des Münchner Nordens gesehen und bearbeitet. Auf einer Fläche von 60 Hektar wollte er eine Einheit entwickeln, die in sein Konzept einer axialen Entwicklung „implantiert werden kann", wie er schreibt. Nach seinen Vorstellungen soll eine solche Einheit „eine gesunde Mischung der Funktionen" Wohnen, Arbeiten und Dienstleistungen enthalten. Sie sei jeweils für 5000 bis 10 000 Menschen angelegt.

In sich hat Koca das Projekt Hollern selbst wieder entlang einer Verkehrsachse und eines Grünzugs angelegt. Mittlerweile musste er allerdings feststellen, dass sich bei der Umsetzung des Konzepts längst nicht alles realisieren lässt, was er sich gewünscht hätte.

Beispielsweise bleiben die Autos nicht vollständig aus den Wohnbereichen ausgesperrt. Er wollte den ruhenden Verkehr im Lärmschutzwall entlang der B 13 unterbringen, um möglichst wenig Boden zu versiegeln. Jetzt werden doch wieder Garagen an den einzelnen Häusern gebaut.

Der Architekt Sitki Koca entwickelte ein Besiedelungskonzept, das den gesamten Münchner Norden umfasst. Die Bebauung soll sich dabei an zentralen Achsen orientieren. Foto: Evi Pohlmüller

Koca hat in seiner Doktorarbeit auch Gedanken zu einer Weiterentwicklung des Gewerbegebietes nach seinem Achsenprinzip dargelegt. Über ein theoretisches Stadium ist diese Überlegung nicht hinausgekommen. Koca hätte zur Strukturierung eine Achse vom Microsoft im Norden bis zur Dasa im Süden, vorstellen können. Der Planer sagt dazu: „Wir wollten nicht nur eine Standortanalyse machen, sondern eine neue Struktur schaffen." Doch dazu hätten sowohl Stadt wie Privatunternehmen mitmachen müssen. Noch utopischer klingt es, wenn Koca von seiner ortsübergreifenden Achse im Münchner Norden spricht, die sich entlang von A 92 und S-Bahnlinie zum Flughafen erstrecken sollte. Dazu sollten auch Fernbahnlinie und Transrapid angelegt werden sowie weitere technische Infrastruktureinrichtungen und Datenleitungen. Durch diese Bündelung lasse sich der Flächenverbrauch erheblich reduzieren, weil sich langfristig auch die Menschen entlang einer solchen Achse ansiedeln würden. Anders als der Raum München, der sich heute entlang der S-Bahn-Trassen wie eine Krake mit Fangarmen von bis zu 100 Kilometer ausbreite, hält Koca eine „lineare Entwicklung, die immer unter Kontrolle bleibt" für möglich. Den Flughafen sieht er in ferner Zukunft als Knoten nehrerer Infrastrukturachsen, als „Mobilitätshafen Flug und Bahn".

Fehlentwicklungen in der Stadtgeschichte korrigieren
Infrastrukturachsen sollen zur Gliederung von Ballungsgebieten beitragen und die Natur schützen helfen

Unterschleißheim ■ In seiner Dissertation mit dem Titel „Urbane Siedlungsinnovationen" beschreibt der Architekt Sitki Koca unter anderem die Fehlentwicklungen der Stadtgeschichte in den vergangenen 3000 Jahren, die sich seit Beginn der Industrialisierung verschärft und zum Wuchern der Metropolen im 20. Jahrhundert geführt hätten. Orte seien immer auf einen Punkt hin orientiert gewesen, sei es ein Palast oder ein Gotteshaus, und hätten sich von da aus wie ein Spinnennetz über die Umgebung ausgebreitet. „In der vorindustriellen Zeit hat es noch funktioniert, weil es ortsbezogen war", meint der Stadtplaner. Doch seither habe die Entwicklung ganz neue Dimensionen angenommen.

Heute sei es dringend ein Umdenken und Umsteuern nötig: „Was wir verhindern wollen, ist das Ausufern auf die grüne Wiese." Mittel dazu sind für das 1945 in der Türkei geborenen Koca, der seit 1974 in Deutschland lebt, sogenannte Infrastrukturachsen. An diesen 500 bis 100 Meter breiten Achsen entlang, die 150 bis 500 Kilometer lang sein können, sollen sich alle Verkehrs- und Versorgungslinien orientieren. Diese Großstruktur soll sich in Kleinen fortsetzen, bis hin zu neuen Baugebieten. Nur so ist für Koca das Entstehen herkömmlicher Ballungsräume mit all ihren Negativerscheinungen – vom Verkehr bis zur Landschaftszerstörung – zu verhindern. Mit seiner Arbeit über die Stadtentwicklung erlange er im vergangenen Jahr am Institut für Sozialgeographie der Universität Hamburg den Doktortitel.

Für den Architekt Koca liegt die Antwort auf die Frage, nach welchen Vorgaben künftig in den Ballungsgebieten gebaut werden soll, klar auf der Hand: „Dieses Problem wird durch Aufreihen der Funktionen entlang linearer Achsen und Schonung von Naturschutzgebieten und historischer städtischer Formen gelöst werden." Als Ergebnis könnte nach Kocas Ansicht „ein direkteres und offeneres System entstehen". Ganz optimistisch stellt er fest: „In diesem System kann die Last der Industrialisierung und die Zerstörung bestehender städtischer Formen umgekehrt werden." w.g.

Quelle: Süddeutsche Zeitung, 14./15./16. April 2001

Informationen zur Raumentwicklung
Heft 6.2004

Gerd Würdemann, Niklas Sieber:
Raumwirksamkeitsanalyse in der Bundesverkehrswegeplanung 2003
Spatial impact analysis in federal transport infrastructure planning 2003

Im Zuge der Überarbeitung des BVWP '92 ist die Raumordnerische Bewertung aus der Nutzen-Kosten-Analyse herausgelöst und als eigenständige Methodik zur Abschätzung der Raumwirksamkeit von Verkehrsinvestitionen entwickelt worden. Gestützt auf das Verfassungsgebot zur Herstellung gleichwertiger Lebensverhältnisse fordert das Raumordnungsgesetz eine flächendeckende Sicherstellung der Versorgung der Bevölkerung mit technischer Infrastruktur und ausgeglichene infrastrukturelle Verhältnisse in den Teilräumen. In Umsetzung dieser Anforderungen umfasst diese Raumwirksamkeitsanalyse (RWA) zwei Zielbereiche:
- Zielbereich I: Verteilungs- und Entwicklungsziele
- Zielbereich II: Entlastungs- und Verlagerungsziele.

Wesentliche Idee der Bewertung des Zielbereichs I ist es, die Projektvorschläge hinsichtlich ihrer Wirkungen auf die raumordnerisch relevanten Relationen zu beurteilen. Es handelt sich dabei um Verbindungen zwischen den Zentralen Orten und zu wichtigen Knotenpunkten der Verkehrsinfrastruktur wie Flughäfen, Seehäfen und KLV-/GVZ-Terminals.

Im Zielbereich II wird die Verlagerung auf umweltverträglichere Verkehrsträger in verkehrlich hochbelasteten Räumen bewertet. Gemessen wird die Abnahme der Verkehrsmengen auf den Straßen, die aufgrund von Maßnahmen der Bahn zu Verkehrsverlagerungen führen.

Der Beitrag zeigt die Methodik der RWA bzw. den RWA-Verfahrensablauf als Baustein im modernisierten BVWP 2003.

In the course of the revision of the Federal Transport Infrastructure Plan 1992 the Spatial Planning Assessment was separated from the benefit-cost analysis and developed as an independent method to estimate the spatial impact of transport investments. Based on the constitutional requirement to create equivalent living conditions, the Federal Spatial Planning Act calls for an area-wide guarantee of the provision of the population with technical infrastructure and balanced infrastructure conditions in the sub-areas. In order to implement these requirements, this spatial impact analysis comprises two objective areas:
- *Objective area I: distributive and development goals*
- *Objective area II: relief and relocation goals.*

The fundamental idea of objective area I is to evaluate suggested projects in terms of their impacts on linkages that are relevant for spatial planning. This concerns connections between the central places and links to important nodes of transport infrastructure such as airports, sea ports and combined loading terminals / freight transport centres.

In objective area II the relocation to more environmentally compatible modes of transport in areas with high traffic loads is assessed. The reduction of traffic volumes on roads is measured that results from traffic shifts induced by measures of the Federal Railways.

The article presents the method and the procedure of the spatial impact assessment as an element of the modernized Federal Transport Infrastructure Plan 2003.

> *Grundkonzept in diesem Artikel ist Dissertationsarbeit von Dr. Sitki Koca an der Universität Augsburg „ Urbane Siedlungsinnovationen – Infrastrukturachse 1995 – 2000 „ .
> *Dieser Artikel ist Bundesamt für Bauwesen und Raumordnung - Informationen zur raumentwicklung Heft 6. 2004 veröffentlicht (Bundesministerien BMbau und BMVBW)

Urbane Siedlunginnovationen

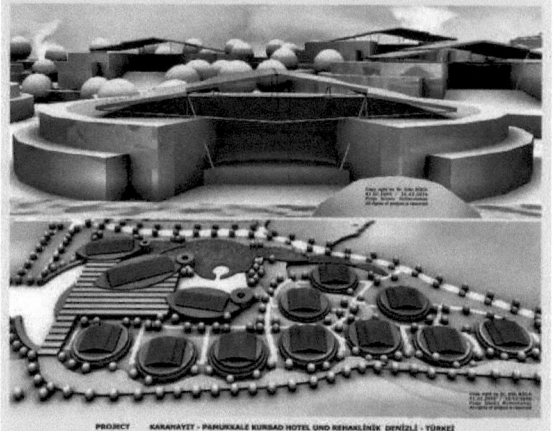

Abb.71a-b-c Raumordnung und Urban-Strukturentwicklung Projekte als Bausteine

TEIL V PROJEKTSTUDIEN

A - Grüne Stadtachse Augsburg

Strukturwandel: Grüne Stadtachse - Mobilität

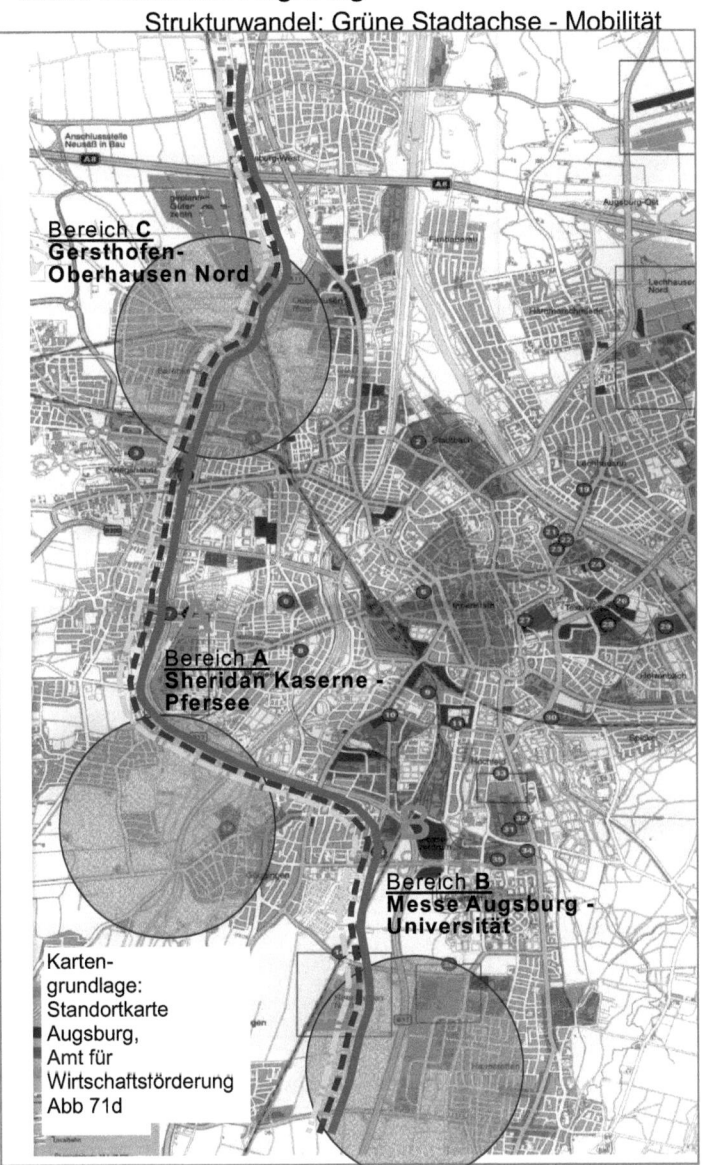

Bereich C
Gersthofen-
Oberhausen Nord

Bereich A
Sheridan Kaserne -
Pfersee

Bereich B
Messe Augsburg -
Universität

Karten-
grundlage:
Standortkarte
Augsburg,
Amt für
Wirtschaftsförderung
Abb 71d

Projektstudie - Augsburg West

VISION

Beschreibung einer Zukunftsentwicklung der Stadt Augsburg

VISIONSLOSIGKEIT

Gutachten, vorgegebene Verhältnisse, Planung

DEFINITION VISION

Konzeption einer grünen Stadtachse

Projektstudie - Augsburg West

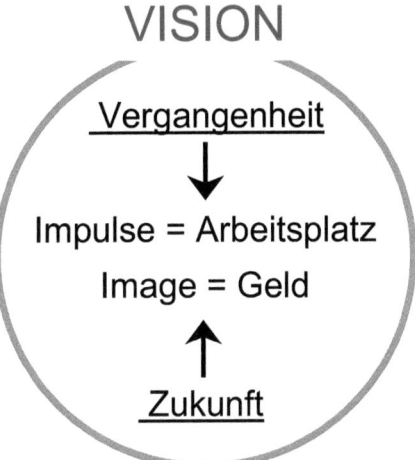

Bestand
- zentrale Entwicklung
- Innenstadtverödung
- umliegende Bebauung

Neuentwicklung
- axiale Entwicklung
- unterstützender Städtebau durch Öffnung der Innenstadt nach Außen
- Stopp und Neuorganisation der umgebenden Bebauung

Projektstudie - Augsburg West

VISION und HANDELN

Siedlungswesen in der Zukunft

a) **WIE** sehen künftig unsere Siedlungen aus? Wie werden die Menschen darin leben? - Diese Fragen werden uns immer beschäftigen und wir müssen immer bestrebt sein innovative Antworten hierauf zu finden. b) **GIBT** es überhaupt noch eine Zukunft für unsere Siedlungen und die darin lebenden Menschen? Führen die gegenwärtig zentral entwickelten Siedlungen mit all ihren Umwelt- und Verkehrsproblemen nicht zur Unmenschlichkeit, indem sie "Einheitsmenschen" wie aus einem Fließband produzieren?

c) **WIR** wollen die angesprochenen Probleme lösen, indem wir zukunftsorientierte Siedlungskonzepte entwerfen: die Menschen sollen dabei im Mittelpunkt stehen, gemeinschaftlich zur Entwicklung beitragen und die eigene Umgebung durch ihre Mitarbeit prägen.

d) **UNSEREN** Vorstellungen nach sollen die Siedlungen von Grund auf eine Neuorganisation erfahren: keine Entstehung von zentral entwickelten, statischen Strukturen mehr, sondern Neuentwicklungen im Sinne linear tragender Siedlungsachsen, die eine positive Zukunft für die Menschen gewährleisten.

e) **"TRAGENDE KRÄFTE"** sind hier, wie man es heute vielleicht vermuten könnte, KEINE Autos und Strassen, Tragkräfte sind vielmehr eine Einheit aus Massenmobilität, Energierückgewinnung und Kommunikationstechnologien. Tragkräfte werden mit Hilfe innovativer Wissensbasen für die Zukunft entwickelt und realisiert. Eine ständige Selbstentwicklung muss bei diesen vorhanden sein, um ihre Selbständigkeit und damit ihre Nachhaltigkeit zu sichern.

f) **VISION** für die Stadt ist das Konzept einer "Grünen Stadtachse", die nicht nur auf ein Gelände bezogen ist, sondern auf die gesamte Stadt mit den Inhalten und der Sichtweise einer regionalen und über-regionalen Vernetzung.

g) **IM** Rahmen einer Gesamtentwicklung muss regional, international und global gedacht und gehandelt werden. Als erstes müssen hierbei die "tragenden Kräfte" für die strukturelle Entwicklung definiert werden, da sie Grundlage für die gesamte Entwicklung sind und deswegen die Funktionalität dieser gegeben sein muss.

Projektstudie - Augsburg West

Grüne Stadtachse

Ziel ist es, zwischen Donauraum im Norden und Ammerseeraum im Süden entlang der B2 / B17 eine regionale Entwicklungsachse mit überwiegend internationalen Arbeitsplätzen und Sozialeinrichtungen zu etablieren. Diese regionale Achse wird eingebunden in die Hauptachse Ulm - Augsburg - München Nord (Flughafen) - Salzburg (Paris - London - München - Wien - Istanbul) und erfährt somit einen über-regionalen Anschluss und Austausch.

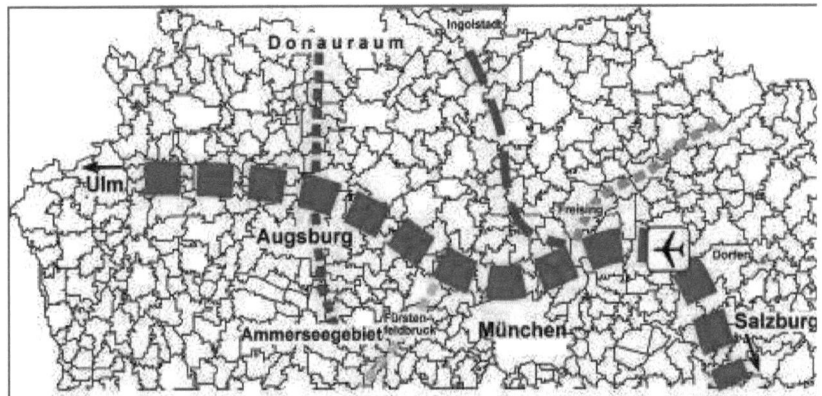

Abb. 72a (Abbildung aus der Dissertationsarbeit: Urbane Siedlungsinnovationen - Konzepte, Projekte und Perspektiven, Dr. Koca, Universität Augsburg, 2000)

Abb. 72b Konzept als Bausteine Stadtzentrenentwicklung für die vielseitige Nutzung

Projektstudie - Augsburg West

VISION Sheridan-Kaserne / Augsburg-West

- **Marktverträglichkeit des Gesamtareals**
  - Volumen für den aktuellen Markt in Augsburg viel zu groß.
  - Welche kulturell-sozialen Bedürfnisentwicklungen sind im gesamten Stadtgebiet zu erwarten und in welchen Bereichen kann man durch bauliche Maßnahmen neue Akzente setzen?
  - Sukzessive Vermarktung von zu entwickelnden Teilflächen (im Gesamtnetzbild) mit systematischer Vorgehensweise.

- **Magnetwirkung des Grundstücks auf Stadt und Region Augsburg**
  - Integration des Gesamtareals in ein raumübergreifendes Strukturplanungskonzept unter Einbeziehung umliegender Stadtteile.
  - Untersuchung von internationalen Nutzungsmöglichkeiten (z.B. internationale Schulen, Kultureinrichtungen, u.a.).
  - Globales Denken und Handeln für Konzeptentwicklung nötig.

- **Entwicklungsimpulse für eine optimale Vermarktung**
  - Multifunktionale Definition von Grundstücksteilflächen des Gesamtareals für eine wirtschaftlich lukrative, zukunftsweisende, sozialgerechte Siedlungsstruktur.
  - Konzept und die Flächenent-wicklung: die Größe der Frei-flächen sowie deren Verteilung und Formung ist ausschlag-gebend für das Bebauungs-konzept sowie das Maß der baulichen Nutzung.
  - Pluralistisches Bebauungs-konzept: keine konsequente Trennung von Wohnen und Gewerbe, sondern eine Durchmischung unter-schiedlicher Nutzungsarten sowie Schaffung von fließenden Übergängen, wenn möglich auch mit Überlagerungen.
  - Neudefinition der Wirtschaf-tlichkeit der Nutzungsverteilung (Gewerbe, Wohnen, Grün), d.h. bei welchem Bauvolumen (Wohnfläche und Gewerbefläche insgesamt) wird überhaupt eine Wirtschaftlichkeit auf Investoren- und Nutzerseite erzielt
  - Erweiterung und Neudefinition von preisgünstiger Bautypologie und Nutzungsarten aus der Bedarfs- und Konzeptentwicklung.

Abb. 72c -72d Konzept als Bausteine für die Strukturentwicklung-Projekt USH

Projektstudie - Augsburg West

VISIONSLOSIGKEIT

- bestehende Entwicklungen
- Aufteilung Sheridangelände
- fehlende Wirtschaftlichkeit

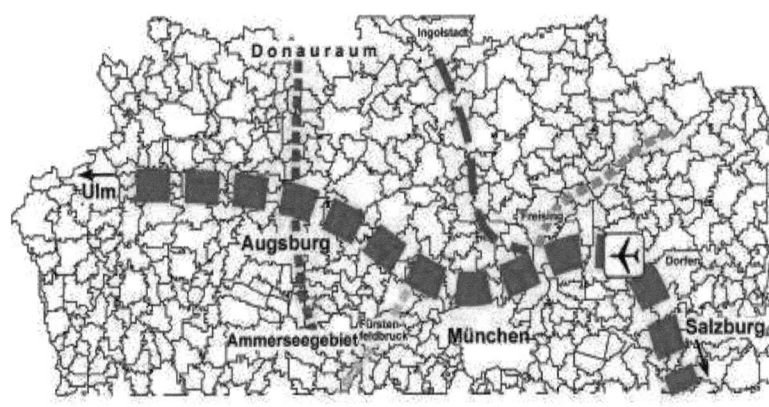

Abb. 73 Bestehende Raumordnung ist Fehlentwicklung: gegenwärtige "Spinnennetz-Strukturen" sind zum Untergang verurteilt.

Projektstudie - Augsburg West

VISIONSLOSIGKEIT

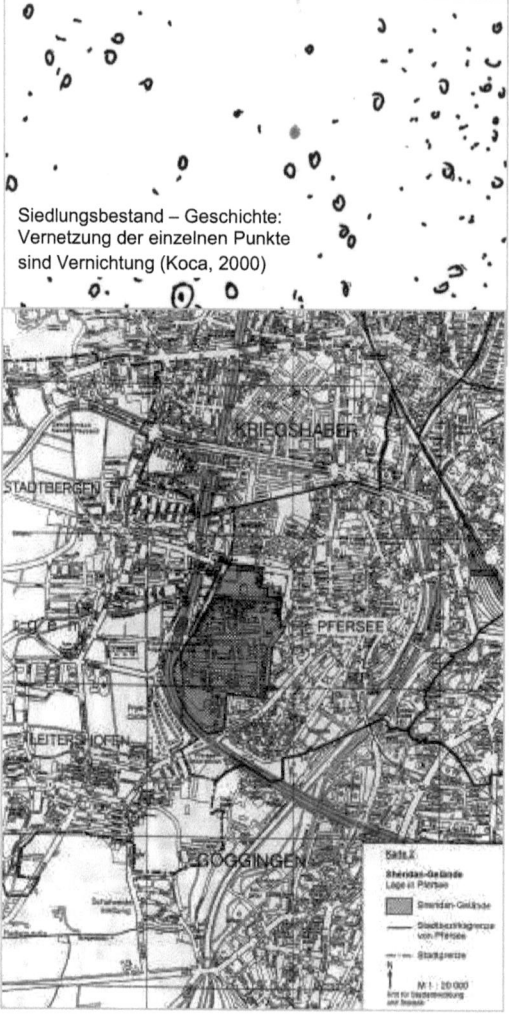

Siedlungsbestand – Geschichte:
Vernetzung der einzelnen Punkte
sind Vernichtung (Koca, 2000)

- Historischer Siedlungsbestand: Vernetzung der einzelnen Punkte sind Vernichtung.
- Konkurrenzfähigkeitist keine Grundlage für positive Lebensentwicklung.
- Der Mensch ist als Person demontiert. Wenn nur Individualisten sind und Personen im Vordergrund stehen, wie soll es gehen zusammen zu leben? Ein Sternenhaufen ist bescheiden bis in die Ewigkeit... Einzelne wollen Supernova sein, sind sie dazu fähig? Bedeutet Supernova zu sein nicht das eigene Ende selbst zu beschließen?
- Statische zentrale spinnennetzartige Entwicklung als Bestand. Ein Vulkan zum explodieren.

Abb. 74

Projektstudie - Augsburg West

VISIONSLOSIGKEIT

Entwicklung der Gegenwart

- Raumordnung und Mobilität wird nur auf die Autos ausgerichtet.
- Die Stadt Augsburg hat sich zentral um einen historischen Altstadtbereich entwickelt.
- Aufgrund der innerhalb der letzten Jahrzehnte stattgefundenen Stadtflucht sind heterogene, isolierte Stadtteile innerhalb des Stadtgebietes und neue Siedlungen in den Stadtumlandgemeinden entstanden.
- Neue Siedlungen und Anlagen sind durch die Beliebigkeit ihrer Anordnung von der Stadtstruktur isoliert und können der Stadt deshalb keine Impulse geben, wobei unter Impulse die Schaffung neuer Arbeitsplätze, die Entwicklung eines positiven Image, wirtschaftliches und kulturelles Wachstum verstanden werden soll.
- Die bisherige Siedlungsentwicklung innerhalb der Stadt und die vorgesehene Planung auf den Flächen der Sheridankaserne werden die besserverdienende Bevölkerung, die bisher noch im Zentrum wohnt, zu einer weiteren Stadtflucht veranlassen.
- Die Siedlungsentwicklung war bisher überwiegend dem freien Markt, d.h. Investoren, überlassen. Da jedoch viele Bauträgerfirmen nicht mehr kreditwürdig sind, müssen auch neue Finanzierungskonzepte entwickelt werden. Hierbei darf jedoch nicht die Lebensqualität unter der Art der Finanzierung leiden.

Projektstudie - Augsburg West

VISIONSLOSIGKEIT
Geplante Zukunft

geplante Grünflächen

Omas Schrebergarten:
ein orientierungsloser Tropfen in
der Gesamtstruktur der Stadt

geplante Bebauung

Sheridan-Gelände als "vier-geteilter Käse-kuchen", der festsitzt im
Magen der Stadt; Fort- führung der bestehenden Orientierungslosigkeit.

Straßen

Spinnennetzartige Erschließung zielt nur ab auf Mobilität mit Autos: ist
das das Ziel für eine menschliche Entwicklung?

geplante
Bebauung
Sheridan-
gelände
mit um-
gebenden
Stadtteilen
Abb.75

Urbane Siedlunginnovationen

Projektstudie - Augsburg West

VISIONSLOSIGKEIT
Tatsachen – Flächenverbrauch

- Übersichtsplan Berlin und Honkong im gleichen Maßstab: Berlin - 2 Mio Einwohner
  Honkong - 12 Mio Einwohner

- Falsche Leitlinien: Raumordnung als Instrument zur Versiegelung und Bebauung gemacht.

- Raumentwicklung Hongkong / Berlin -

Urbanisierte Fläche, Luftbild von Berlin, Grenzenloser Flächenverbrauch (Umweltstrategien für Berlin, Senatsverwaltung für Stadtentwicklung und Umweltschutz, 1995)   Abb. 76 Berlin

Flächennutzungsverhältnisse zwischen Hongkong (oben) und Berlin (unten) (Stadt Bauwelt, Heft 36, 88. Jg., 1997) Abb.77 Hongkong

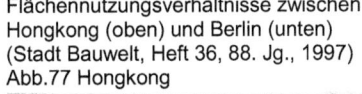
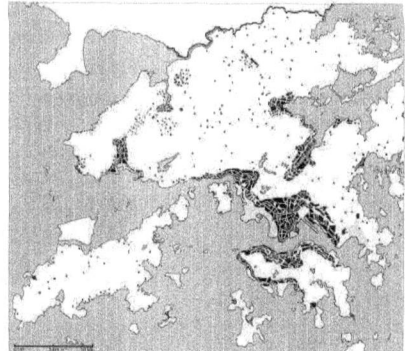

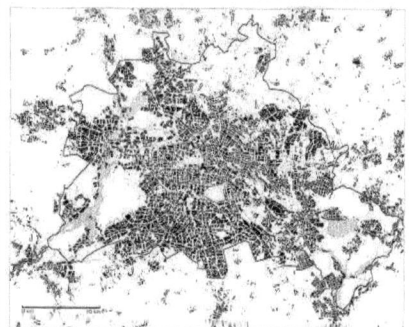

Hoher Flächenverbrauch (Berlin, Die Stadt, Partner für Berlin, Gesell. f. Hauptstadt-Marketing mbH, 1995) Abb. 78 Berlin und Abb. 79 Hongkong im vergleich

Projektstudie - Augsburg West

Visionslosigkeit

a) **FÜR** die Entwicklung zukünftiger Siedlungen ist nicht nur für Städte, sondern weltweit eine Visionslosigkeit zu beobachten. Historisch gewachsene Siedlungen in Europa entwickelten sich historisch und entwickeln sich auch gegenwärtig als Erweiterung auf den freien Flächen zwischen den vorhandenen Siedlungen. Diese lokal begrenzte Siedlungspolitik betäubt eine nachhaltige Gesamtentwicklung und hat nur eine operierende Funktion. Grundeinstellung dieser Vorgehensweise ist es hauptsächlich, noch mehr Geld zu verdienen ohne jedoch andere Belange zu berücksichtigen. Was fehlt ist eine Gesamtphilosophie in Form eines nachhaltigen Siedlungsleitbildes.

b) **DAS** Wissen und die Erfahrungen eines Geografen, eines Wirtschaftlers oder eines Finanziers sind nicht ausreichend, um langfristig positive Entscheidungen treffen zu können, da sie in ihrer Sichtweise zu einseitig und keine Struktur- und Siedlungsentwickler sind. "Auch ein Hautarzt, der seine eigene Haut nicht richtig kennt, wird versuchen als Herzchirurg zu handeln wenn man es von ihm verlangt."

c) **WENN** ein Bauer seine Kühe und Schafe auf seinem Weideplatz freilässt, werden diese in kurzer Zeit das ganze Gras gefressen haben, so dass sie kein Futter mehr haben um sich zu ernähren." Im übertragenen Sinne kann die Raumentwicklung weltweit ebenso gesehen werden, da sie eine massive Flächenexpansion betreibt, ohne sich Gedanken über nachhaltige Siedlungskonzepte zu machen. Sie entzieht sich somit auf längere Sicht ihre eigene Grundlage, nämlich die Verfügbarkeit von Freiräumen.

d) **GRÜNDE** für die gegenwärtige Probleme und die Visionslosigkeit in der Siedlungspolitik sind:
- zu starke Verdichtung auf der grünen Wiese zwischen den bestehenden Siedlungen,
- flächendeckende und -zehrende Bautätigkeit,
- Mobilität ist großteils nur auf Autos hin ausgerichtet,
- im Baugewerbe steht nur die sogenannte Rentabilität im Vordergrund, nicht jedoch eine nachhaltige Entwicklung.

Projektstudie - Augsburg West

Definition VISION

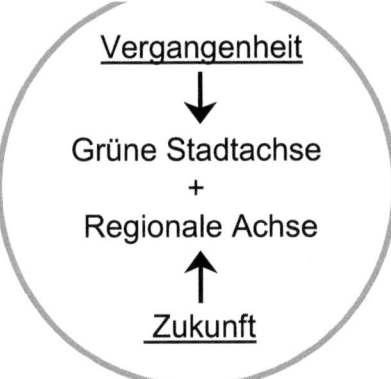

Grüne Stadtachse

- zwischen Gersthofen im Norden und Königsbrunn im Süden mit den zentralen Bereichen
  A – Messe und Universität
  B – Sheridan Kaserne, Pfersee
  C – Oberhausen Nord, Gersthofen

Regionale Achse

- zwischen Donauraum im Norden und Raum Ammersee-West im Süden

Projektstudie - Augsburg West

Definition VISION Konzept "Grüne Stadtachse"

Abb. 80. Grüne Stadtachse Augsburg

- Siedlungszukunft: Bestimmung funktionaler Achsen als Rückgrat des Lebens und der Entwick- lung.

- Mobilität auf der Achse durch Massenbewegung und Vielseitigkeit.

- Raumleitlinie der Zukunft: Raumordnung als Instru- ment der Freiflächen- entwicklung, nicht der grenzenlosen Bebauung.

- Traggratachse ist bestim- mend für die Raum- ordnung. Dynamische Entwicklung auf der Achse.

- Im Bündel mit allem führt die Gesamtheit zu Dauerhaftigkeit. Dauer- haftigkeit ist Selbstän- digkeit, kein Alleingang, sondern Zusammenschluss Selbständigkeit ist Nach- haltigkeit.

Projektstudie - Augsburg West

Definition VISION Konzept "Grüne Stadtachse"

- Das 70 ha umfassende Areal "Sheridankaserne" darf nicht mehr als 30-40 ha Siedlungsbereich aufweisen. Mehr als die Hälfte sollte für die städtische Freiflächenentwicklung reserviert werden, z.b. für das Projekt einer Bundesgartenschau.

- Die Stadt braucht Dynamik. Eine neue "Stadtachse" könnte sich entlang der B17 mit den drei zentralen Bereichen
A - Sheridan-Pfersee,
B - Messe-Universität und
C - Oberhausen Nord-Gersthofen
entwickeln. Von dieser Achse aus können zum Altstadtkern wiederum neue Verbindungsachsen entstehen.

- Die Stadtachse entlang der B17 bekommt
- eine obere interne Autoverkehrserschließung,
- eine vierspurige Stadtbahn mit Schnellbahnanschluss,
- sämtliche Infrastrukturanschlussleitungen und
- ein Solar- und Energiekonzept.

- Die neue Stadtachse wird sich zu einer den Flussauen anschließenden GRÜNEN ACHSE im Sinne einer Schleuse entwickeln.

- Die Zentralbereiche der Stadtachse, alle benachbarten Stadtteile und die Altstadtkerne bekommen untereinander eine dynamische Verbindung. Durch die neu entstehende Dynamik werden neue Entwicklungsimpulse ausgelöst.

- Um sich aus dem Schattendasein der Metropole München zu befreien, muss sich Augsburg verstärkt den internationalen Märkten mit einer entsprechenden Werbung öffnen.

- Mit Hilfe kostengünstiger Grundstücke können internationale Firmen und Institutionen mit dem Aspekt angesiedelt werden, langfristig gesicherte Arbeitsplätze an den Standort Augsburg zu holen.

Definition VISION

Siedlungen Zustand / Untergang
- Unterzentren
- Mittelzentren
- Oberzentren

Projektstudie - Augsburg West

Siedlungen Zukunft / Leitlinien

- Grüne Stadtachse
- Regionalachse
- Landesachse
  - Konzentration Siedlungsflächen
  - mehr naturbelassene Flächen
  - neue Wasserrückhalte-Flächen
  - neue Forst / Waldflächen

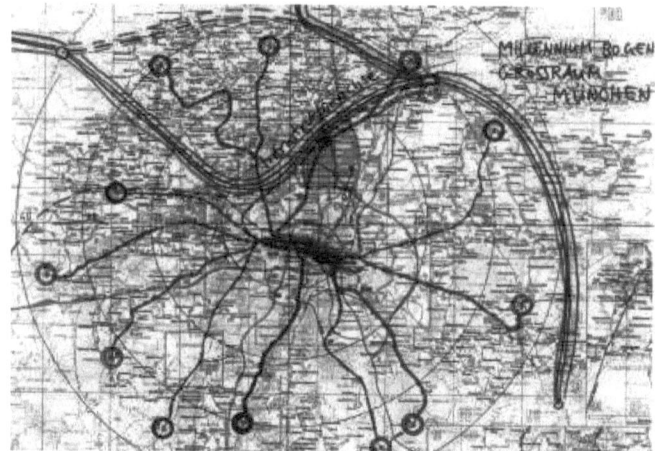

Abb. 81a . Münchner Raum

Abb. 81b als Bausteine für die Strukturentwicklung-Projekt USH

Projektstudie Münchner Raum - Vaterstetten

B - Untersuchung im Münchener Raum

a) REGIONALENTWICKLUNG ist infolge der "spinnennetzartigen" räumlichen Unterteilung der bestehenden Gemeindegrenzen ein statischer, zentral orientierter Vorgang, der bildlich gesehen wie ein Vulkan zur Explosion verurteilt ist.

b) FÜR den Raum "Ulm - Augsburg - München - Rosenheim" ist als erster Schritt eine West-Ost verlaufende Tragkraft-Hauptachse mit dem *Münchener Flughafen als Knotenpunkt zu definieren*. Die Siedlungsschwerpunkte Ulm / Augsburg / München / Rosenheim / Salzburg werden an diese Achse angeschlossen. Damit ist gewährleistet, dass dynamisch zusammenhängende Verhältnisse aufgebaut werden.

c) DIE Siedlungen entlang der Hauptachse wie z. B. die Stadt Augsburg verfügen über eigene strukturelle regionale Tragkraftachsen, die mit der Hauptachse gekoppelt werden.
Mit diesen Studien wird die neue Philosophie des Siedlungswesens als Basis und Grundstein und damit der Wirtschaft, der Politik und der Sozialentwicklung neu definiert.
Im Prinzip fehlt uns allgemein eine "Philosophie der Technik".
Gerechte Siedlungen und Erstellung eines neuen Konzeptes
a) KONZEPTION und Entwicklung einer Haupttragachse mit Hilfe neuer Raumleitlinien.
b) ENTWICKLUNG einer ersten Haupttragachse als Projektstudie für den Raum Augsburg - München - Rosenheim.

c) ERARBEITUNG eines detaillierten Programms und Zeitplans für die Studie.
Und die Bearbeitung des Konzepts

Ortszentrum Vaterstetten

Das Konzept für das Ortszentrum(Gemeindezentrum) Vaterstetten im Rahmen eines Investorenwettbewerb, von Dr.Koca wurde im März/Oktober 2001 erstellt und im März / Juni 2004 überarbeitet.

Die Gemeinde Vaterstetten ist in den letzten 30 Jahren gewachsen. Doch wie ist dies geschehen und was verbindet die Menschen dort miteinander? Gibt es Flächen, die gemeinsam genutzt werden oder wo sich die Bewohner begegnen können? Der Mensch ist ein soziales Wesen und definiert sich und seine Existenz letztlich erst durch das Zusammenleben mit anderen Menschen. Hinzu kommt, dass der Mensch Wasser - aus dem er selbst zu 80% besteht - und Luft zum Leben benötigt. Denn sein Geist sollte wie Wasser fließen und wie Luft wehen können.

In Vaterstetten wohnen über 25.000 Menschen. Doch wo und wie wohnen sie? Sie leben isoliert in ihren einzelnen Häusern. Jedes Haus ist von der Außenwelt durch eine Tür und einen Zaun abgeschottet. Was haben diese Menschen, die nebeneinander leben, tatsächlich gemeinsam? Es existiert keine Fläche, kein Raum, wo sich alle Bewohner treffen, kommunizieren, sich gegenseitig austauschen können.

Auch fehlt das Wasser: denn Kinder und Erwachsene und auch Tiere wie z.B. Schwäne halten sich gerne am oder im Wasser auf. Ein Ortszentrum am See, das sich durch Nutzungen im Kultur-, Freizeit-, Arbeits-, und Wohnbereich auszeichnet, bietet für Vaterstetten die Chance einen Raum der Begegnungen und des Zusammenlebens zu schaffen. Weiter zu machen wie bisher, d.h. Häuser einfach nebeneinander zu stellen und Zäune zu bauen kann für die Zukunft Vaterstettens keine Alternative mehr darstellen. Dies kann nicht alles sein, was die Gemeinde Vaterstetten sich wünscht und realisieren möchte. Es gibt Entscheidungen, die von einer Person getroffen werden und nur diese eine Person betreffen. Aber es gibt auch Entscheidungen, die von einer Person getroffen werden und viele – im Falle von Vaterstetten sogar alle - Bewohner betreffen.

Bebauungskonzept „Ortszentrum Am See":

Das Ortszentrum Vaterstettens wird als Kerngebiet ausgewiesen und mit einer GFZ = 2,5 bis 3,0 festgelegt. Folgende Einrichtungen sind geplant:

- Westlich vom See, im Rathausbereich: Bürgerhaus, Marktplatz, Einkaufs- und Bürozentrum.
- Östlich vom See: vier funktionale Einheiten (A+B+C+D) mit den zentralen Bereichen Kultur, Sport, Freizeit, Einkaufen, Arbeiten und Wohnen; diese sind jeweils um ein Atrium herum angeordnet
- Östlich der Einheiten A+B+C+D: acht Häusergruppen mit jeweils einem gemeinsamen als Wintergarten konzipierten Hof; mit diesen Häusergruppen findet das Zentrum zur umliegenden Bebauung Anschluss; jede Gruppe wird unterschiedlich geplant und gestaltet.

Der See wird zu einer Oase, an der man frische Luft atmen, schwimmen, im Winter Schlittschuh laufen und sogar Urlaub machen kann.

"Das Leben besitzt eine hohe Komplexität. Es besteht aus vielen einzelnen Komponenten, die erst in ihrer Gesamtheit das menschliche Wesen ausmachen. Die Kunst jedoch besteht darin, das Leben einfach zu gestalten und wieder lieben zu lernen."

VISION

Das Ortszentrum im Bereich Kirche und Rathaus darf nicht ein abgeschlossenes Gebilde werden. Es muss vielmehr auf der "Nord-Süd-Lebensachse" in Richtung Osten offen sein. Nur hierdurch wird eine Entwicklung entlang der Grün- und Wasserachse auch in Zukunft gewährleistet.

Das Ortszentrum soll sich frei um eine große Wasserfläche entwickeln.

VISIONSLOSIGKEIT

Mit dem Investorenwettbewerb vom 14.01.2001 und den bestehenden Vorgaben konnten keine umsetzbaren Maßnahmenvorschläge geschaffen werden. Das Hauptproblem, dass die Investoren keine schlüssigen Lösungen anbieten konnten, lag darin, dass auf einer kleinen - in sich geschlossenen - Grundstücksfläche eine Vielzahl unterschiedlicher Nutzungen verlangt wurden.

Die Vision ist durch den Realisierungswettbewerb und dessen Ergebnisse grundlegend gestört worden.

Die durch das Bauamt und die Verwaltung vorgegebene zu beplanende Grundstücksfläche und die hieraus resultierende Wettbewerbsergebnisse, sehen eine Verlegung der Straße in östlicher Richtung vor. Als Folge hiervon wird jedoch einerseits der Marktplatzbereich nach Osten hin abgeriegelt andererseits das östlich der Straße gelegene Grundstück isoliert. Der Marktplatzbereich ist mit seiner Ausdehnung von ca. 50 m auf 70 m zu klein, um als städtischer Raum selbständig funktionsfähig zu sein.

DEFINITION VISION

Dr. Koca - Projektgruppe hat bereits beim Investorenwettbewerb bzgl. des Inhalts und der Fragestellung Bedenken dahingehend geäußert, dass auf Grundlage des vorgegebenen Grundstücksbereichs kein funktionierender städtischer Raum entwickelt werden kann.

Aus oben genanntem Grund hat Dr. Koca - Projektgruppe ein neues Programm aufgestellt, in dessen Rahmen der zu beplanenden Bereich erweitert und die Möschenfelder Straße nach Osten verlegt wurde. Diese Maßnahmen sind aus städtebaulicher Sicht notwendig; die Gemeinde bräuchte für die hierfür nötigen Grundstücke kein Geld verausgaben.

Das Konzept vom Oktober 2001 von Dr. Koca - Projektgruppe ist nach diesem neu konzipierten Programm entwickelt.

Die wichtigsten städtischen Elemente wie Marktplatz, Rathaus, Bürgerhaus, und Kirche müssen sich nach Osten hin öffnen und ausstrahlen können.

Das neue, nachhaltig konzipierte Ortszentrum dient der Bevölkerung als multifunktionaler Raum für Wohnen, Arbeiten, Freizeit und Erholung.

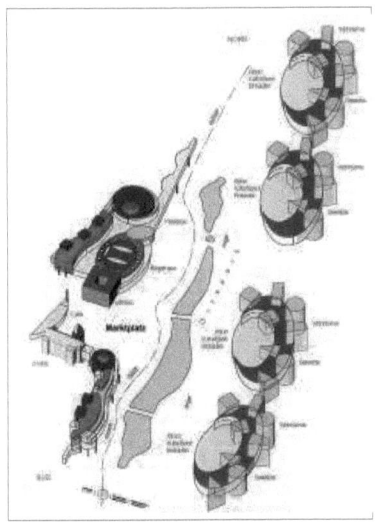
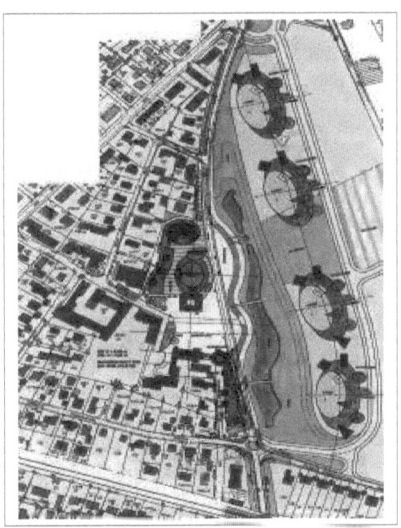

Abb. 82 Konzept 2001   Abb 83 Konzept 2001

Urbane Siedlunginnovationen

> **A** 0,90 ha. Planungsgebiet für die neue Ortsmitte nach bisherigen Überlegungen
>
> **A**+**B** 3,50 ha. Planungsgebiet für entwicklungs- und zukunftsfähiges Ortszentrum (Teil A) Das östlich am Rathaus und Möschenfelder Str. angrenzende Ackerland (Teil B) wird für die zukünftige Entwicklung des Ortszentrums von Bedeutung sein. Daher müssen A+B schon bei der Weichenstellung für das neue Ortszentrum als eine Einheit betrachtet werden.
>
> Ein Umbau der Möschenfelder Str. zwischen nördlichen und südlichen Kreuzungsbereich ermöglicht die Schaffung einer ca. 600 m langen verkehrsberuhigten Stadt-Achse mit Marktplatz, Weiher und Grünbereich.
>
> Ein Ortszentrum muß -neben der Einrichtung eines Bürgerhauses und gemeinnütziger Anlagen- auch Optionen für Dienstleistungen und Einkaufsmöglichkeiten bieten.
> Aus diesem Grunde werden zwei nördlichen des Rathaus gelegene Privatgrundstücke, sowie die südlich des Rathauses befindlichen Stellplätze in die Planung miteinbezogen.
>
> Im Rahmen eines Investorenmodells tragen diese Flächen -unter Gemeindeflächen ca. 5500 bis 6000 m2 Fläche- Refinanzierung des Bürgerhauses bei.

Abb. 84

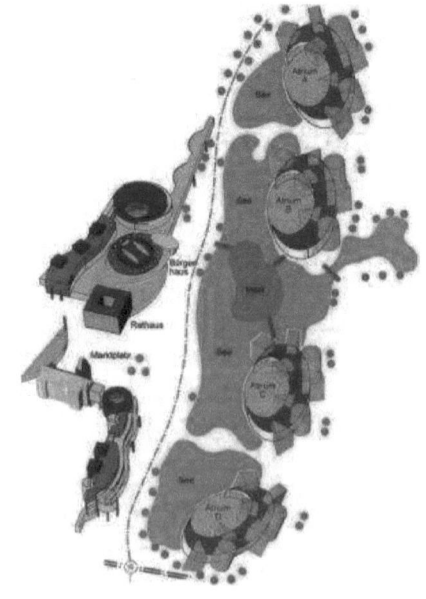

Abb. 85 und 86
Vaterstetten Ortszentrum Gesamt Konzept -.November 2001-Dr.Koca

Urbane Siedlunginnovationen

Abb. 87 und 88 Vaterstetten Ortszentrum Konzept Teilbereich
Gemeinde Zentrum - November 2001- Dr.Koca

Urbane Siedlunginnovationen

KONZEPT ORTSZENTRUM AM SEE - BEI MÜNCHEN
Copyright by Dr. Sıtkı KOCA Oktober 2001 - Überarbeitet 2003 - 2007

Abb 89 - 90 Konzept Ortszentrum Vaterstetten Als Bausteine Urban-Siedlungsentwicklung

Urbane Siedlunginnovationen

Projekte Konzepte als Bausteine Siedlungsentwicklung
Abb.91a-b-c-dOben Konzept für eine neue Siedlung in der Stadt Omsk – mit 500.000 m2 Geschossfläche
Abb. 92a-b-c-d Unten Innenausbau Europäisches Patentamt in München

Urbane Siedlunginnovationen

Abb. 93 a-b-c-d-e-f
Konzept Siedlungentwicklung für einen Stadtteil mit 200.000 Geschossfläche
Palmgarden in Oasis - Bahrain Rainbow -Residential Building Structure Concept

Urbane Siedlunginnovationen

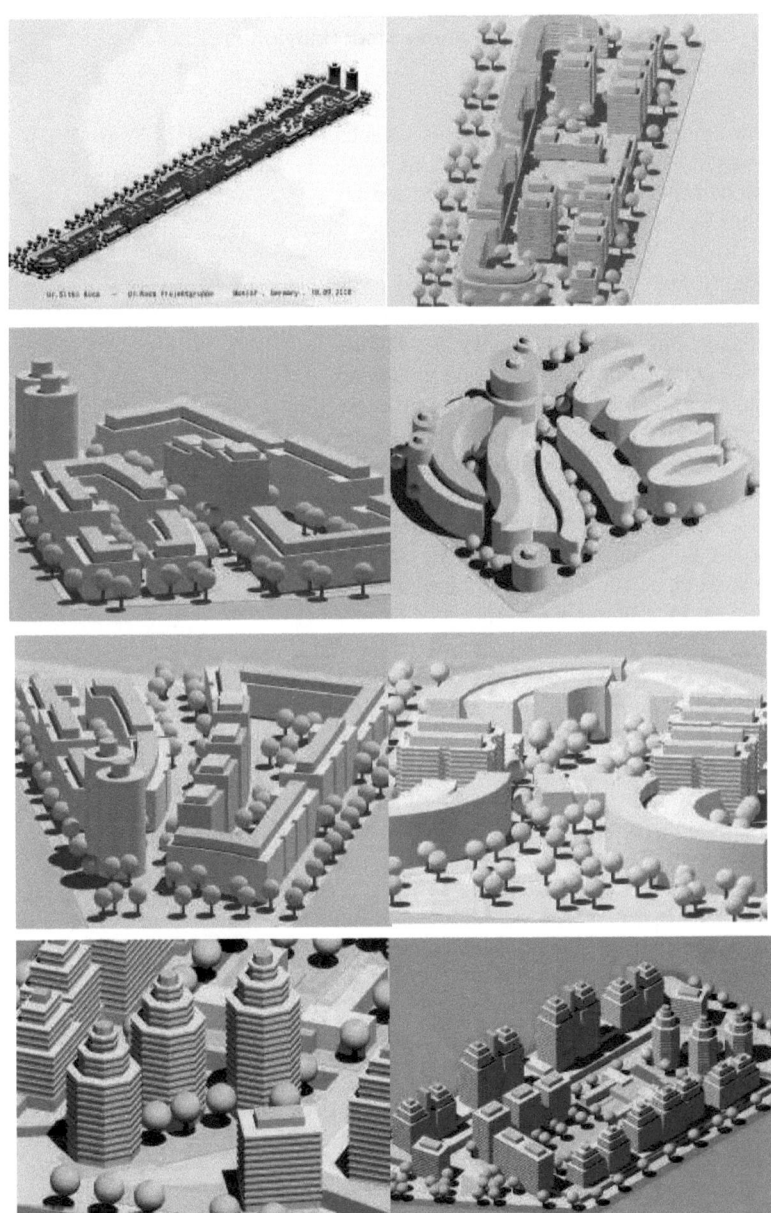

Abb.94 a-b-c-d-e-f-g-h
Residential Buildings Nassiriya - Thiqar Residential Buildings Babylon
Konzept als Bausteine Urbane Siedlungentwicklung

Main Concept – Strukturentwicklung Stadt Babylon als Beispiel

>..Der Fluss Euphrates bleibt so wie bis jetzt unbelastet und es wird um den Fluss keine Baulichedichte geplant. Der Fluss soll wie bis jetzt als Grünachse durch die Stadt fliessen.

>..Im Norden Historische Siedlung von Babylon (punkt A) und im Süden Neues Stadtszentrum Al Hillah (punkt B) werden parallel zum Euphrates mit einem Grünen Stadtachse verbunden. Auf der Achse als Erschliesung Elektrozüge und Seilbahn werden integriert. es werden hier auch für Fussgänger- und Radfahrerwege geplant. Diese Achse soll "**Als Stadtspromenade**" über die Strassen hoch zwei Punkte Alt und Neu verbinden . Am Platz B-Centrum Al Hillah wird auch neue Bahnhof geplant.

>..Im Norden zu den Historischen Siedlungen von Babylon werden ein Congresscenter und am Temmoz Mountain Hotel-Tourismuscenter, am Nisan Mountain Universität Babylon geplant. Nördlich kommt Sportarea, Östlich Messegelände und westlich Industrie- und Gewerbepark

>..Heutige Siedlungsarea der Stadt Al Hillah wird in grenzen so kompremiert bleiben. Es wird eine Rückbau und neue organisation geben.. viele Bereiche sollen als Grünfläche zurück in die Stadtsfläche geführt und Baugebiete werden bis zu 4-geschossigen Gartensadt-Oase neu organisiert.

>..Neubaugebiete werden am rand der Stadt im Westen und Süden inverschiedenen Größen als selbständiger und selbstversorger Bauquartiere ausgeführt. Jede Gruppe wird

Abb. 95 – 96 Stadt Al Hillah

mit einem internen Wasser-See-Flächen über Hauptwasserkanal erschlossen. Alle diese Baugruppe Verkehrsfrei (Verkehr-unterirdisch) gebaut. Diese Baugruppe No. Von 1 bis 15 sind als Bauvolumen zwischen 60 bis 100 Tausend Einwohner zwischen 8 bis 20 geschosig geplant. Die Baugruppen No. Von 16 bis 21 im Zentrumbreich als Mischfunktionsbaugebiet sind vorgesehen. Die Neubaugebiete werden als Gestaltung und Entwicklung von alt Babylonischen Bau- und Lebensart umgeleitet, mit ähnliches Material und Mischung mit neuen Baumaterialien geplant und gebaut. Die Neubaugebite sind als Bauvolumen für ca. 1,5 bis 2,0 Millionen neue Einwohner geplant.

>..Im Süden Zentrum von Stadt Hillah am Fluss entsteht Wasserpark mit Sport und Vergügungseinrichtungen. Und in ganz Süden am Fluss wird mit eienem Flußsperre dort Wasserkraftwerk für die Stromerzugung gebaut.

>..Hier als Lebewesen die Menschen und Die Stadt werden zugleich in den Geistigenebene zusammenwachsen lassen . Diese Entwicklung ist für die Zukunft, von aller Beteiligten, unter Friede und Harmonie zu Leben zu können sehr wichtig.

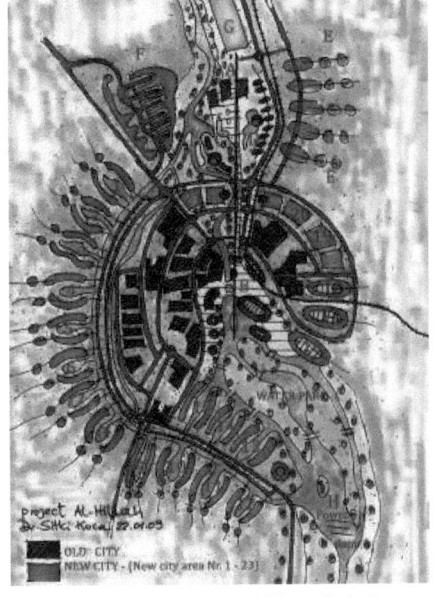

Konzept Stadt AL HILLAH - Babylon City Development
A – Centre of the ancient City of Babel – Heritage area and the new Conference Centre
B - Centre of the new City of Hellah and the Railway Section A-B with the Green City axis and River with the Water-park
C - Hotel and Touristic Centre of Babel ,
D - University of Babel area
E - Industrial and Trade Exhibition area ,
F - Industrial park area
G - Sports Centre and Sports facilities area ,
H - Hydroelectric power plant

Abb. 97 Konzept für Stadt Al Hillah - Babylon

Stadt - Struktur – Siedlung,

Mensch – Familie – Gesellschaft , man braucht autonome und selbständige Größen-verhältnisse ab 20,000 Einwohner als Siedlungsgruppen-Einheit. Damit in allen Bereichen gerechtfertigt sein werden können.

Project   Babylon Hotel Al Hillah
Main Concept - Projekt Beispiel

> Ein Hügel am Fluß Euphrates ist als Hotelanlagenbauplatz vorgegeben.
> Der Hügel wird um ein babylonischer Garten umgebaut

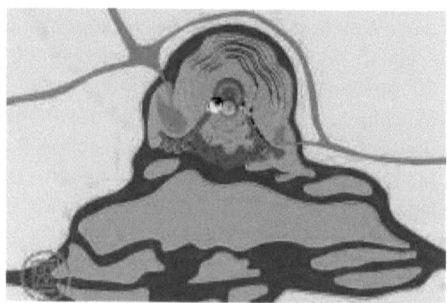

> Der Fluß wird um den Hügel herum geführt. In der Flußseite des Hügels entwickelt sich eingebaut in den Hügel die Hotel-anlage.

> Die Anlage wird bis zum Fluß mit einem Palmengarten als Garten Eden mit vielen Spiel- und Wasserflächen erweitert, angeschlossen.
>Die Anlage bekommt ein Drehrestaurant- Turm als ihr Wahrzeichen. Oben am Hügel wird ein Freilichttheater Ausstellungsfläche eingebaut.

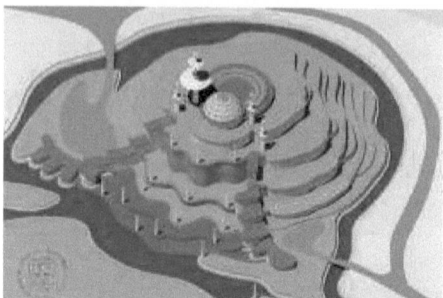

> Das Hotel soll sich als Tourismuscenter und zugleich ein Kultur-Museum-Center für die Provinz Babylon entwickeln.

Flächen und Kosten

Baufläche-Gebäudegesamt
ca. 100.000 m2

Davon ; 500 Doppelbettzimmer
ca. 40.000 m2
100 Einbettzimmer   ca.   5.000 m2
100 Suiten 4 Betten   ca. 15.000 m2
Sonstige Flächen   ca. 20.000 m2
 Reserveflächen   ca. 20.000 m2
Bettenzahl gesamt   ca.1500 Betten

Abb. 98 a-b-c-d Hotel Babylon

Literatur und Quellenverzeichnis

Martin, Roland: Griechenland, Weltgeschichte der Architektur, DVA Stuttgart 1986

Ward-Perkins, John B.: Rom, Weltgeschichte der Architektur, DVA Stuttgart 1986

Mango, Cyril: Byzanz, Weltgeschichte der Architektur, DVA Stuttgart 1986

Grodecki, Louis: Gotik, Weltgeschichte der Architektur, DVA Stuttgart 1986

Murray, Peter: Renaissance, Weltgeschichte der Architektur, DVA Stuttgart 1989

Norberg-Schulz, Christian: Barock, Weltgeschichte der Architektur, DVA Stuttgart 1986

Norberg-Schulz, Christian: Spätbarock und Rokoko, Weltgeschichte der Architektur, DVA Stuttgart 1985

Middleton, Robin / Watkin, David: Klassizismus und Historismus, Weltgeschichte der Architektur, DVA Stuttgart, Band 1 1986 und Band 2 1987

Tafuri, Manfredo / Dal Co, Francesco: Gegenwart, Weltgeschichte der Architektur, DVA Stuttgart 1988

Hilpert, Thilo (Hrsg.):Le Corbusiers, Charta von Athen, Texte und Dokumente, Kritische Neuausgabe, Städtebau / Urbanistik 1988

Stadt Bauwelt 127, Death Destruction & Detroit, Bauwelt 36, 86. Jahrgang 1995

Stadt Bauwelt 132, Kuala Lumpur, Bauwelt 48, 87. Jahrgang 1996

La periferia de Madrid, Bauwelt 28, 88. Jahrgang 1997

Stadt Bauwelt 133, Johannesburg, Bauwelt 12, 88. Jahrgang 1997

Stadt Bauwelt 134, Rio de Janeiro, Bauwelt 24, 88. Jahrgang 1997

Stadt Bauwelt 135, Hongkong, Bauwelt 36, 88. Jahrgang 1997

Europäische Kommission: Europa 2000+, Europäische Zusammenarbeit bei der Raumentwicklung, EG-Regionalpolitik, Luxemburg 1995

Mehwald, Lutz: Städtenetze - vom Raumordnungspolitischen Orientierungsrahmen zur Umsetzung.

In: Informationen zur Raumentwicklung, Heft 7, Bundesforschungsanstalt für Landeskunde und Raumordnung (Hrsg.), Bonn 1997

Melzer, Michael: Schlüsselfragen einer zukunftsfähigen Standortpolitik mit Städtenetzen. In: Informationen zur Raumentwicklung, Heft 7, Bundesforschungsanstalt für Landeskunde und Raumordnung (Hrsg.), Bonn 1997

Stadt Bauwelt 121, Berlin 1994, Bauwelt 12, 85. Jahrgang 1994

Projekte der räumlichen Planung, Broschüre der Senatsverwaltung für Stadtentwicklung und Umweltschutz Berlin

Arbeitsblätter Istanbul, YTÜ / Yildiz Teknik Üniversitesi, Fakultät der Architektur, Lehrstuhl Stadt- und Regionalplanung

Ternek, Zati: Türkiye Jeoloji Haritasi (Geologische Karte Türkei), Istanbul, MTA Institut, Ankara 1987

Bundesforschungsanstalt für Landeskunde und Raumordnung, Informationen zur Raumentwicklung, Zentrale Orte im Wandel der Anforderungen, Heft 10. 1996

Freely, John: Türkei, München 1992

Pamir, Hamit N.: Türkiye Jeoloji Haritasi (Geologische Karte Türkei), Denizli, MTA Institut, Ankara 1974

Sarnitz, August: Architektur Wien, Stadtplanung Wien und Architektur Zentrum Wien, Wien 1997

Dumreicher, Heidi; Levine, Richard S.: Nachhaltiger Stadthügel Wien Westbahnhof, Theorie und   Praxis der Nachhaltigen Stadt, Oikodrom Stadtpläne 12, Wien 1997Dumreicher, Heidi: New Urban Communities: Past Experiences and the Future of Cities, Vortrag auf der   Internationalen Konferenz in Kairo, 13-17 October 1996

Dumreicher, Heidi; Levine, Richard S.: Nachhaltiger Stadthügel Wien Westbahnhof, Theorie und Praxis der Nachhaltigen Stadt, Oikodrom Stadtpläne 12, Wien 1997

Feldtkeller, Andreas: Die Zweckentfremdete Stadt, Wider die Zerstörung des öffentlichen Raums, Frankfurt 1994

Rees, William, PhD, Director University of British Columbia, Vancouver: Urban Ecological Footprints: Ecological and Thermodynamic Dimensions of Sustainability, OECD-Germany Conference on Sustainable Urban Development, Berlin 19-21 March, 1996

Bundesministerium für Umwelt, Naturschutz und Reaktorsicherheit (Hrsg.): Konferenz der Vereinten Nationen für Umwelt und Entwicklung im Juni 1992 in Rio de Janeiro, - Dokumente – Agenda 21. Reihe Umweltpolitik. Bonn 1997

Koca Sitki, Die axiale Strukturierung des Metropolitanen Raumes in der Zukunft, Istanbul 20.10.1995, ISBN 975-94887-0-1/0342/1996

Pre-Habitat II „ Istanbul workshop volume 1 23. – 27. October 1995 Istanbul

ISBN 975-461-023-1 1996, Yildiz Technical University The Faculty of Architecture Istanbul, Turkey

Gessel, Wilhelm: Zentrale Themen der Alten Kirchengeschichte, Verlag Ludwig Auer, 1. Aufl., Donauwörth, 1992.

Vitruv: Zehn Bücher über Architektur, Primus Verlag, 5. Aufl., Darmstadt, 1996.

Anhang 1 Seite 1
Beitrag zur Habitat II Juni 1996 in Istanbul

Die Axiale Strukturierung des Metroplitanen Raumes
in der Zukunft-Infrastrukturachse
1995 Istanbul Yildiz Technische Universität & Universität Augsburg
ISBN 975-94887-0-1/yayin kodu 0342 - 1996

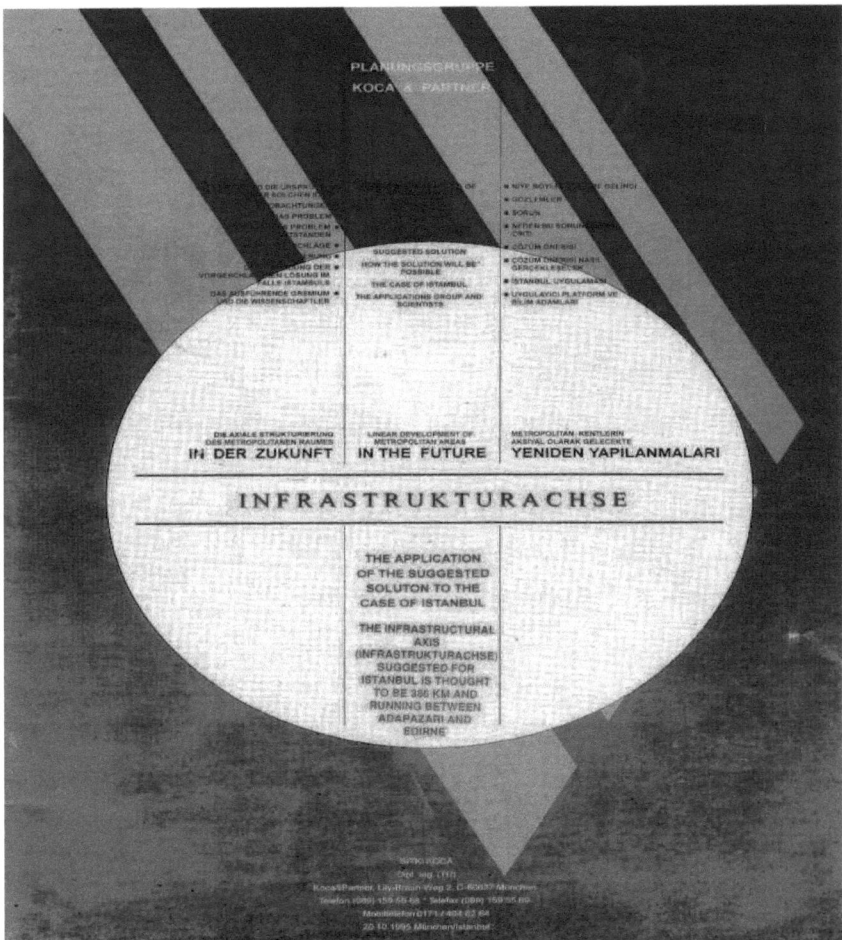

Dieser Anhang ist als Broschüre, in Deutsch, Englisch und Türkisch, in drei Sprachen bei der Habitat II Juni 1996 in Istanbul und auch im März 1996 in Berliner Konferenz vor habitatt II vom Bundes Ministerium Umwelt , bei den vielen Sitzungen vorgetragen und weltweit verteilt.

Anhang 1 seite 2

DIE AXIALE STRUKTURIERUNG DES
METROPOLITANEN RAUMES IN DER ZUKUNFT

Die Studie, die hier vorgestellt wird, hat drei Ziele :

1. Eine neue Perspektive zum Leben und den damit verbundenen Problemen zu bekommen, im großen Zusammenhang neue Lösungen für diese Probleme zu suchen, als Ergebnis aus den Erfahrungen, die ich als freischaffender Architekt gewonnen habe.

2. Teilzunehmen an der Habitat II, die in der Zeit vom 03.- 14. Juni in Istanbul stattfinden wird. (1996)

3. Diese Erkenntnisse in einer Doktorarbeit zu veröffentlichen, die auf Studien basieren wird, welche an der Universität Augsburg am Lehrstuhl für Sozial- und Wirtschaftsgeographie, Fachgebiet Raumordnung und Landesplanung, durchgeführt werden sollen.

Sitki Koca München, den 12.12.1995

LINEAR DEVELOPMENT OF METROPOLITAN AREAS
IN THE FUTURE

The study that is presented in this paper has three objectives :

1. To gain a new perspective on life and its related problems in their broad context, and to seek new solutions to them, as a result of the experience gained as applications architect.

2. To participate in HABITAT II which will be held in Istanbul between June 3-14, 1996.

3. To present these findings as a doctoral thesis bases on studies that were carried out at Augsburg University.

Sitki Koca

Munich, December 12, 1995

Anhang 1 Seite 3

TEIL 1.0

EINLEITUNG

WELCHES SIND DIE URSPRÜNGE EINER SOLCHEN IDEE ?

Die individuellen Wünsche des Menschen, eine harmonische Umwelt für sich selbst zu schaffen. Diese Umwelt zu formen bedarf es einer bestimmten Grundhaltung. Es ist nicht möglich zufrieden zu sein mit dem Stil und der Philosophie, die unser Zeitalter geprägt haben. Genau an diesem Punkt sollten wir mit unseren Untersuchungen ansetzen.

BEOBACHTUNGEN

Aus den Erfahrungen, die ich während meiner beruflichen Praxis als Architekt sammeln konnte, habe ich die Verbreitung einer Philosophie bemerkt, die man bezeichnen kann mit 'Lücken füllen'.

DAS PROBLEM

Heute, in den industrieorientierten Städten, auch in den sich entwickelnden Ländern und Regionen, sind die herrschenden Strukturen nicht mehr in der Lage, die mit der Industrialisierung verbundenen Lasten zu tragen und die Erwartungen der Menschen an eine intakte Umwelt zu erfüllen. Als Ergebnis können die bestehenden Strukturen nicht beibehalten werden. Je weiter wir uns vom Stadtkern entfernen, um so schwächer und kostenintensiv wird die Infrastruktur, die die außenliegenden Gebiete zu versorgen hat.

WIE IST DIESES PROBLEM ENTSTANDEN ?

Profitorientierte kapitalistische Lebenshaltung, technische Entwicklung und Industrialisierung sind die Ursachen dieser Strukturprobleme.

LÖSUNGSVORSCHLÄGE

Loslösung des sozialen Lebens von seiner profitorientierten Basis und die Entwicklung einer Basis von Kultur und Raumordnung.

REALISIERUNG

Schaffung einer neuen sozialen Lebensform durch Anordnung axialer metropolitaner Strukturen in Verbindung mit dynamischer Infrastrukturachse. Einerseits werden im Bereich dieser Achse neue soziale Lebensformen die Möglichkeit haben sich zu entwickeln, andererseits können durch Industrialisierung beschädigte Strukturen sich neuordnen und regenerieren. Neue soziale Lebensformen und geordnete bestehende Strukturen haben so die Chance sich gegenseitig zu ergänzen.

Urbane Siedlunginnovationen

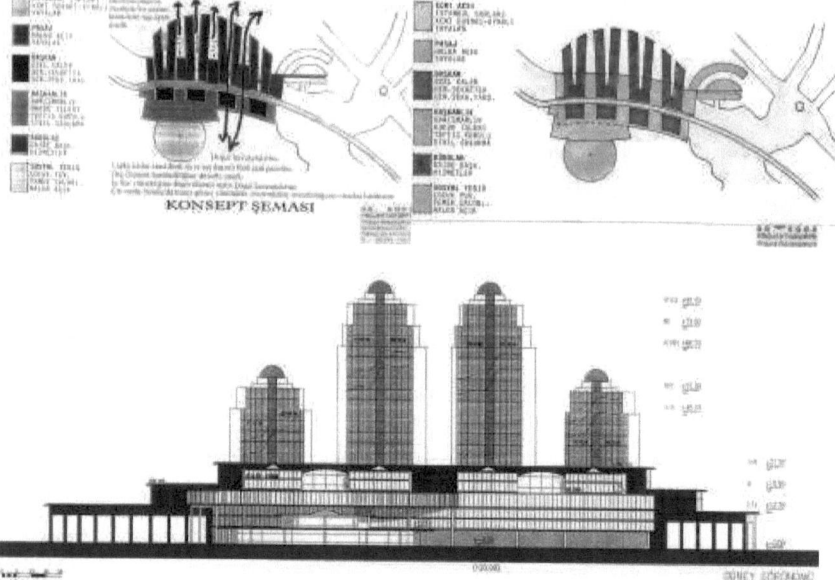

Abb. 99 a,b,c,d
Das Konzept als Bausteine Stadt-Strukturentwicklung – Gewerbezentrum in Istanbul

Urbane Siedlunginnovationen

Abb. 100   Haydarpasa Istanbul – Urbane Entwicklungsprozess

Main concept . oasis green Maccah and city centre . Holly maccah meeting place
Reorganizing settlements of Maccah – Planning of Green City of Maccah

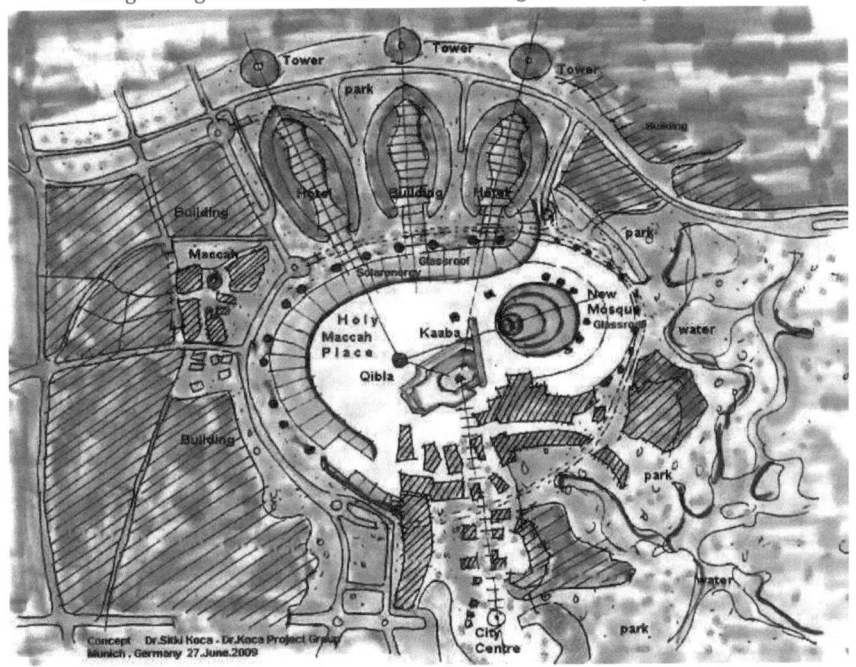

Abb. 101 - oasis green Maccah

Urbane Siedlunginnovationen

A big housing project started near the Holy Haram — Concept / Makkah
Abb. 102

Dr.Koca's Commentary on the above housing project:
*Human dignity is best housed in absolute simplicity, uncomplicated and at home with mother earth.
*Here,one can see a series of structures ascending to a new height, unworthy of man : a series of tombstones as a housing project. It should also be on elevation and free.
*his concept favours the violence of western christianity.monumental structures resembling gravestones are symbols of the destructive development we are witness to world-wide.
*The Ibrahim-House Haram is set far too low at the bottom, surrounded by higher tombstone structures.Both the proportions and the architecture are oppresive.The feelings of man are buried by a negative flow of energy.
*The elevation,on the other hand,represents a flow of positive energy and feelings
*The immediate area surrounding the Ibrahim-House Haram has been completey covered in concrete. The surface area (the skin) can no longer breathe.
*The Ibrahim-House Haram is a sacred point of energy.It radiates into the cosmos From it, there is an exchange of energy flow between the centre of our earth and the heavens.
*Because the area (the skin of the earth) surrounding Ibrahim-House Haram has been completely covered in concrete, the flow of energy has been totally blocked and is prevented from flowing. This fact alone is a death sentence for everyone.
*In front of the Wall Street Stock Exchnage , there are bronzed sculptures of bulls-like in a zoo.
Similarly, Ibrahim-House Haram stands here like the bronzed bulls, in front of a human zoo.Its' sanctity has been lost. It only represents a business development idea here, as is the tendency everywhere in the world.
*Here,man has been robbed of his dignity and the Ibrahim-House Haram has been robbed of its' sanctity.
The development project is headed in the absolute wrong direction.
*The Ibrahim-House Haram *MUST NOT* be forced into the lowest point of a series of elevated graves.
The area should be carefully guided back and restored to its' original condition. It should remain open primarily.
*One must not cover it entirely in buildings and concrete.
*Ibrahim-House Haram and the area immediately surrounding it should stand out from the rest. It should radiate its' dignity on an elevation.
This is then Faith, Love and Justice.
Dr.rer.nat. Sitki Koca   -   Architect and Town planner, Urban-Structure Developer Socio-Economic Geographer, Chemist,   Munich . Germany , 29.June.2009

Urbane Siedlunginnovationen

YOU ARE THE MOUNTAIN OF LIGHT . YOU ARE THE RAIN
YOU ARE ALL THE WORLD . YOU ARE THE ONE FROM HERE TO ETERNETY
YOU ARE GREAT AND ALLMIGHTY
O ISIK . O YAGMUR . O DÜNYAMIZ
Abb.103

„*Die Schönheit ist etwas, die man nicht sieht aber man spürt,
sich drauf freuen zu können „
„*Das Wasser fließt und bestimmt seinen Weg selbst: entweder es
Vernichtet oder es ist nützlich" *Dr.Koca

Dr.rer.nat.Sitki Koca – Dipl.Ing.Architekt und Stadt-Strukturplaner
München, 1990- 2012
www.drkoca.eu

i want morebooks!

Buy your books fast and straightforward online - at one of world's fastest growing online book stores! Environmentally sound due to Print-on-Demand technologies.

Buy your books online at
www.get-morebooks.com

Kaufen Sie Ihre Bücher schnell und unkompliziert online – auf einer der am schnellsten wachsenden Buchhandelsplattformen weltweit! Dank Print-On-Demand umwelt- und ressourcenschonend produziert.

Bücher schneller online kaufen
www.morebooks.de

VDM Verlagsservicegesellschaft mbH
Heinrich-Böcking-Str. 6-8   Telefon: +49 681 3720 174   info@vdm-vsg.de
D - 66121 Saarbrücken   Telefax: +49 681 3720 1749 www.vdm-vsg.de

Printed by Books on Demand GmbH, Norderstedt / Germany